항공서비스시리즈 ❶

멋진 커리어우먼

스튜어디스

Career Woman Stewardess

서성희 · 박혜정

항공서비스시리즈를 출간하며

글로벌시대 관광산업의 발전과 더불어 항공서비스 및 객실승무원에 대한 관심이 날로 증가됨에 따라 전문직업인을 양성하는 대학을 비롯하여 교육기관에서 관련 교육이 확대되고 있다.

저자도 객실승무원을 희망하는 전공학생을 대상으로 강의를 하면서 교과에 따른 교재들을 개발·활용해 왔으며, 이제 그 교재들을 학습의 흐름에 따라 직업이해, 직업기초, 직업실무, 면접준비 등의 네 분야로 구분·정리하여 항공서비스시리즈로 출간하게 되었다.

구분	번호	교재명	내용
직업이해	1	멋진 커리어우먼 스튜어디스	직업에 대한 이해
직업기초	2	고객서비스 입문	서비스에 대한 이론지식 및 서비스맨의 기본자질 습득
	3	서비스맨의 이미지메이킹	서비스맨의 이미지메이킹 훈련
직업실무	4	항공경영의 이해	항공운송업무 전반에 관한 실무지식
	5	항공객실업무	항공객실서비스 실무지식
	6	항공기내식음료서비스	서양식음료 및 항공기내식음료 실무지식
	7	비행안전실무	비행안전업무 실무지식
	8	기내방송 1 · 2 · 3	기내방송 훈련
면접준비	9	멋진 커리어우먼 스튜어디스 면접	승무원 면접준비를 위한 자가학습 훈련
	10	English Interview for Stewardesses	승무원 면접준비를 위한 영어인터뷰 훈련

모쪼록 객실승무원을 희망하는 지원자 및 전공학생들에게 본 시리즈 도서들이 단계적으로 직업을 이해하고 취업을 준비하는 데 올바른 길잡이가 되기를 바란다. 또한 이론 및 실무지식의 습득을 통해 향후 산업체에서의 현장적응력을 높이는 데도 도움이 되기를 바란다.

아울러 항공운송산업의 환경은 지속적으로 변화·발전할 것이므로, 향후 현장에서 변화하는 내용들은 즉시 개정·보완해 나갈 것을 약속드리는 바이다.

본 항공서비스시리즈 출간에 의의를 두고, 흔쾌히 맡아주신 백산출판사 진욱상 사장님과 편집부 여러분께 깊은 감사의 말씀을 전한다.

저자 씀

PREFACE

세계를 무대로 날개를 활짝 펼치며 나는 스튜어디스!

그 이름에서 느껴지는 화려함으로 여성이라면 누구나 한번쯤 스튜어디스가 되려는 꿈을 가져보았을 것이다. 많은 여성들이 스튜어디스라는 직업에 관심을 갖고 있으며, 때로는 선망의 대상이 되기도 하지만, 한편으로는 겉으로만 드러나는 화려함으로 인해 곱지 않은 시선을 보내기도 한다.

오늘 저희는 여러분보다 조금 앞서 그 길을 걸었던 선배의 입장에서 비행경험을 바탕으로 스튜어디스의 세계를 꾸밈없이 이야기하려 한다.

책을 읽는 동안 여러분은 스튜어디스라는 직업에 대해 정확하고 올바른 정보를 얻을 수 있을 것이며, 또한 스튜어디스에 대한 선입관을 떨쳐내고 강인한 정신력과 책임감, 그리고 타인에게 봉사할 줄 아는 따뜻한 마음가짐이 바탕이 되어야 하는 진정한 프로의 세계임을 확인할 수 있을 것이다.

제1장에서는 스튜어디스라는 직업이 탄생하기까지 직장인으로서의 근무여건, 스튜어디스가 되기 위한 관문, 그리고 이수해야 할 교육과 훈련 등 직업에 관한 일반적인 내용을 담았다.

제2장에서는 여승무원의 실제 비행근무상황을 가상으로 체험해 봄으로써 비행 중의 실제 업무와 해외 체류 시의 생활을 소개하였다.

제3장에서는 스튜어디스라는 직업의 화려함 속에 감춰진 그들만의 일상생활, 고민거리, 해프닝 등을 솔직하게 털어놓았다.

제4장에서는 프로 서비스맨으로 인정받을 뿐만 아니라 국제적인 시야와 매너를 겸비한 스튜어디스의 직업적인 매력과 그들 나름의 서비스 철학을 소개하였다.

제5장에서는 성공적인 스튜어디스 취업면접을 위해 평소 연습을 통한 준비요령 및 면접 당일 프러시저별 유의사항 등을 자세히 담았으며, 스튜어디스 적성 테스트를 통해 자기분석의 기회를 가져보도록 하였다.

만약 여러분이 매력적인 스튜어디스가 되어 자신의 인생을 멋지게 만들어 나가고자 이 책을 손에 넣었다면 최종 목적지로 가는 정확한 지도를 얻은 셈이다.

모쪼록 이 책이 스튜어디스를 꿈꾸는 분들뿐만 아니라 취업을 앞둔 일반 여성 독자들에게는 유용한 길잡이 역할을, 또한 현재 스튜어디스로 근무하고 있는 분들에게는 진정한 프로의 세계에서 멋진 스튜어디스로 당당하게 성공하기 위한 힘찬 응원이 되길 기원합니다.

서성희, 박혜정 씀

CONTENTS

Career Woman Stewardess

1

날아야 사는 여자들, 스튜어디스

날아야 사는 여자들, 스튜어디스

01

제1절 전문 직업인, 스튜어디스

'하늘의 천사'는 '백의의 천사'로부터

여객기 내에 승객을 위한 서비스를 전담하는 승무원이 탑승한 것은 언제부터였을까요?

그 탄생의 역사를 거슬러 올라가 보면, 여객기에 가장 먼저 객실승무원을 탑승시킨 항공사는 1928년 독일의 루프트한자(Lufthansa) 항공사입니다. 그런데 놀랍게도 이때의 승무원은 여자가 아니라 모두 남자였다고 합니다.

그 후 1930년 미국의 한 정열적인 여성의 노력으로 여승무원이 등장하게 되었습니다. 그녀는 간호사 출신인 엘렌 처치란 여성으로, 여객기 내에 여승무원이 근무하게 되면 여성의 특질을 살린 보안이나 간호가 가능하다는 사실을 항공회사에 몇 차례에 걸쳐 제안했다고 합니다. 그 결과 시카고와 샌프란시스코 병원의 간호사 8명이 보잉 에어 트랜스포트 회사(Boeing Air Transport, 유나이티드 항공사의 전신)에 채용되면서 비로소 스튜어디스가 탄생했던 것입니다.

당시에는 그 명칭이 스튜어디스가 아니라 '에어 호스티스(Air Hostess)', '스카이걸(Sky Girl)' 등으로 불렸다고 합니다. 이들이 3개월간의 테스트 기간을 마치고 지시받은 업무는 여객의 보안, 환자의 간호, 탑승하기 전 여객의 체중 측정, 수하물 안내와 같은 보조 역할이었습니다. 오늘날 항공사 지상 직원의 역할까지 한 셈이지요.

그리고 당시 스튜어디스의 자격은 25세 이하의 독신여성으로 키는 162센티미터 이하여야 했습니다. 요즘과 비교해 키의 기준이 다른 것은 당시 항공기 객실이 좁고 천장이 낮은 데서 연유한 것으로 보입니다.

여러분이 승무원이 되어 있는 그 순간 백의의 유니폼을 입고 있는 엘렌을 상상해 보십시오. 저 높은 곳에서 희망과 용기를 불어넣어 주는 그녀의 목소리가 들릴 것입니다.

1930년 당시 스튜어디스로 활약한 엘렌 처치의 모습(왼쪽)
1934년 스위스 항공에 탑승한 최초의 스튜어디스(오른쪽)

'스튜디어스'가 아니라 '스튜어디스(Stewardess)'입니다

얼마 전 텔레비전에서 뉴스를 진행하는 한 아나운서가 스튜어디스에 관한 보도를 하면서 '스튜디어스'라고 자연스럽게 말하는 것을 들었습니다. 아마 그것을 듣고 이상하다고 생각한 사람은 그다지 많지 않았을 것입니다. 대부분의 사람들이 '스튜어디스'가 맞는 발음인지는 알지만, 실제로는 '스튜디어스'라고 말하는 경우가 많기 때문입니다.

스튜어디스 외에도 여승무원을 지칭하는 말로는 '플라이트 어텐던트(Flight Attendant)', '캐빈 어텐던트(Cabin Attendant)' 또는 '크루(Crew)'라는 단어가 있습니다. 모두 승무원을 뜻하는 명칭이며, 최근 들어서는 화려하면서도 여성스러운 느낌의 '스튜어디스'보다 전문 직업인으로서의 느낌이 강한 '플라이트 어텐던트'나 '크루'라는 말을 사용하는 경향이 있습니다.

특히 '크루'라는 말은 스튜어디스와 스튜어드를 포함한 객실승무원(Cabin Crew)과 기장이나 부기장, 엔지니어를 포함한 운항승무원(Cockpit Crew)으로 각각 구분하여 부르고 있습니다.

스튜어드(Steward)에 대해

항공기 여행이 일반화되기 전까지만 해도 여객기에 스튜어드라는 남자 승무원이 근무한다는 사실을 아는 사람은 그다지 많지 않았습니다. 최초의 객실승무원인 스튜어드는 민간 항공의 역사가 시작된 이래 지금까지 존재하고 있습니다만, 아무래도 일반 대중에게 널리 알려지지 않은 직업임에는 틀림이 없습니다.

재미있는 이야기로, 20년째 비행근무 중인 한 남자 팀장은 "나는 항공사에 입사할 때 비행기에서 책상 놓고 사무 보는 줄 알았어"라고 말해 한동안 웃었던 적이 있습니다.

그때는 요즘처럼 비행기 타는 일이 예사롭지 않았고 직업에 대한 사전 정보나 지식도 희박한 시절이다 보니 남승무원 중에서 그들의 업무에 관한 내용을 자세히 알고 입사하는 사람은 그다지 많지 않았던 것입니다.

요즘의 신입 남승무원 대부분은 항공여행의 경험을 통해 스튜어드의 업무에 대해서 잘 알고 있습니다. 그러나 몇 년 전만 해도 실제 트레이(Tray, 쟁반)를 들고 서비스하는 훈련과정에서는 무척이나 어색해 하면서 주저하는 모습을 볼 수 있었습니다. 겉으로는 예전의 스튜어드와 확연히 달랐지만, 의식에 있어서만큼은 아직도 남자가 부엌일을 하면 큰일이라도 날 것같이 생각했습니다.

하지만 근래에 와서는 스튜어디스보다 더 세련되고 스마트한 서비스맨의 모습을 보여주는 스튜어드도 많아졌습니다. 예전이나 지금이나 스튜어드는 스튜어디스의 가장 든든한 동료이자 파트너임에 틀림이 없습니다.

스튜어드만 팀장이 되는 것은 아닙니다

어느 비행기에나 10명에서 많게는 18명의 승무원들을 총괄하고 그 비행의 객실 서비스를 책임지는 팀장이 있습니다. 비행기 내에서 근무하는 승무원들을 관심 있게 지켜본 분이라면 많은 승무원들 중에서 누가 제일 높은 승무원인지에 한 번쯤 관심을 가졌을 것입니다. 실제로 비행기 내에서 여자 팀장에게 "이 비행기는 팀장이 누구죠?"라고 묻는 경우가 많습니다. 그런데 의외로 팀장은 여성인 경우가 많습니다.

수적인 면에서 남승무원에 비해 여승무원이 압도적으로 많은 것을 생각하면 여성 팀장이 많은 것이 당연하겠지만, 그동안은 여성 팀장이 수적으로 열세였던 것이 사실입니다. 여승무원의 경우 상대적으로 남승무원에 비해 결혼이나 육아 등의 이유로 근무연한이 짧았기 때문입니다. 그러나 이전과는 달리 대부분의 여승무원들이 스튜어디스를 평생직으로 여기며 성실히 근무하고 있고 자기계발을 열심히 하여 남승무원과 선의의 경쟁을 하고 있습니다. 따라서 회사 내에서의 위상도 많이 향상되었기 때문에 앞으로 더더욱 많은 여성 팀장이 나올 것으로 기대합니다. 오히려 앞으로는 비행기 안에서 남성 팀장을 만나기가 힘들지도 모르겠습니다.

똑같지 않은 하루하루

남의 떡이 확실히 더 커보이나 봅니다. 직장생활을 하는 주위의 친구들을 만날 때마다 늘 승무원 생활이 부럽다고 말합니다. 동시에 자신들의 직장생활에 대해 이런저런 불평들을 늘어놓는데 그 요점은 자신들의 매일매일이 항상 똑같다는 것입니다. 늘 사무실로 향하는 똑같은 출근길, 늘 똑같은 사람들, 늘 똑같은 자리, 늘 똑같은 서류들, 늘 똑같은 컴퓨터 화면…. 가끔은 이런 상황 속에서 탈출하고 싶은 충동을 느낀다고도 합니다.

불규칙한 생활을 하는 승무원들은 가끔씩 그렇게 정해진 근무환경이 부러울 때도 있는데 일반 직장인들은 그들의 생활이 무료하게 느껴지나 봅니다. 따사로운 햇살이 내리쬐는 봄날, 혹은 기다리던 첫눈이 오는 날, 틀에 짜인 시간과 환경에서 벗어나 밖으로 뛰쳐나가고 싶은 욕구를 참아야 한다는 것이 결코 쉽지는 않을 것입니다.

그에 반해 매일 똑같지 않은 시간, 장소, 다양한 모습의 사람들, 그리고 볼거리들은 스튜어디스의 삶에 리듬을 주는 요인임은 분명한 사실입니다. 생활 속에서 스튜어디스의 표정이 늘 밝은 이유가 바로 여기에 있습니다.

날아야 사는 여자들

승무원이라면 누구나 비행의 '매력'을 '마력'으로 느낄 때가 있습니다. 장거리 비행을 다녀온 후 집에서 쉬는 첫날에는 날개를 접고 지상으로 내려와 휴식을 취한다는 것 자체가 무한한 기쁨이고 행복이라고 생각합니다. 그러나 불과 며칠이 지나지 않아 그 접혀진 날개 때문에 갑갑해짐을 느끼게 됩니다. 다시 비행기가 그리워지기 시작하고, 사람들이 그리워지고 잠시 접어놓은 날개를 빨리 펴서 날고 싶은 마음이 용솟음칩니다. 역시 그들은 날아야 사는 여자들인가 봅니다.

즐거운 마음으로 하는 서비스

서비스를 제공하는 사람에게 가장 중요한 것은 그 일을 얼마만큼 즐기면서 할 수 있느냐 하는 것입니다. 누군가에게 서비스하는 일이 자신의 즐거움으로 연결되지 않는다면 당사자에게는 그것만큼 고통스러운 일은 없을뿐더러 서비스가 좋을 리 없습니다. 반면 그 일을 즐기면서 할 수 있다면 개인의 행복과 함께 서비스의 질과 품격은 자연적으로 높아지기 마련입니다.

⁝ 나만의 취미 활용

사람을 대하는 직업만큼 힘든 일은 없다고들 하는데, 승무원들에게 비행근무가 항상 즐거울 수만은 없는 일입니다. 그런 경우 한 가지 목표를 정해놓고 비행기에 탑승합니다. 예를 들면 이번에 비행 가면 어딜 꼭 가야지…, 누굴 만나야지…, 하다못해 무엇을 사야지… 등을 정해놓고 비행에 임하는 것입니다. 승무원들이 나름대로 스트레스를 푸는 방법이기도 하니까요. 물론 외국에 친척이나 친구들이 거주한다면 그들을 만나는 것만으로도 비행이 즐거워질 수 있습니다. 하지만 세계 도처에 친척이나 친구가 있을 리 만무합니다. 이런 때 자기의 취미를 살린다면 비행생활을 더욱 즐겁게 할 수 있습니다.

여행이 취미인 사람은 기본 관광코스 외에 구석구석 다니는 재미, 모으는 취미가 있는 사람이라면 세계 각국의 특산품을 모으는 재미가 쏠쏠할 테니 말이죠. 취미를 하나 갖는 것, 비행하는 승무원들에게는 어쩌면 스트레스를 떨쳐버리기 위한 필수 요건인지도 모릅니다.

스튜어디스는 한국인의 첫 얼굴

스튜어디스는 그 직업상 세계를 무대로 일하는 직장인입니다. 자신이 원하건 원하지 않건 세계 어느 곳에서나 우리나라를 대표하는 위치에 서게 되는 경우가 많습니다.

특히 한국을 처음 방문하는 외국인은 비행기 안에서 제일 먼저 스튜어디스를 만나게 되는데, 이때 스튜어디스는 한국인 전체의 인상을 결정짓는다고 해도 과언이 아닐 만큼 민간 외교관으로서의 역할도 상당히 크다고 하겠습니다.

스튜어디스는 넓고 푸른 세계의 하늘을 무대 삼아 세계 곳곳에서 한국인을 대표하여 세련된 매너와 국제적 감각으로 우리의 아름다운 전통 예절을 세계인의 가슴 깊이 심어주고 있습니다. 그러므로 민간 외교관으로서의 남다른 보람과 함께 자부심을 느낄 수 있습니다.

제2절 이색적인 커리어우먼

스튜어디스의 날개, 유니폼

항공사의 얼굴입니다

승무원 하면 가장 먼저 떠오르는 것은 아마 멋진 유니폼을 입고 당당하면서도 우아하게 걷고 있는 모습이 아닐까 합니다. 초기 승무원은 간호사에서 유래했기 때문에 복장은 흰색 가운에 흰색 모자를 쓰는 것이 객실 여승무원들의 보편적 복장이었습니다. 그러다가 세계대전을 거치면서 군복을 변형해 여성 특유의 맵시를 살린 유니폼을 입는 것이 한동안 유행하기도 했지요. 현재는 각 나라의 문화와 전통, 그리고 각 항공사의 특성을 살린 실용적인 유니폼을 입는 것이 보편적입니다.

각 항공사의 CI(Corporate Identity)는 다른 어떤 것들보다 승무원의 유니폼에 의해 결정되는 것이라고 해도 과언이 아닙니다. 유니폼은 내부적으로 항공사가 추구하는 가치를 보유하고 조직구성원 간의 일체감과 결속력을 높여주며, 대외적으로는 통일된 이미지와 국제적 감각의 세련미를 더해주어 항공사의 브랜드 파워(Brand Power)를 높이는 데 큰 역할을 하고 있습니다. 특히 항공사의 얼굴인 승무원의 유니폼은 모든 대외기관의 조사에도 나타나지만 항공사의 CI에 미치는 영향력이 매우 큽니다. 실제로 승무원 채용 면접에서도 승무원이 되고 싶어 하는 지원자들 가운데는 멋진 유니폼을 동경하여 지원하게 되었다는 사람도 많습니다.

대한항공의 유니폼 변천사

대한항공의 경우 전반적으로 시대적인 유행경향을 고려한 디자인이며 시간이 지날수록 유니폼의 착용기간이 길어졌습니다. 2005년 신유니폼이 개발되어 새로운 이미지로 다가오고 있습니다.

날개를 달기란 나는 것만큼이나 어렵습니다

유니폼을 멋지게 입는 데에는 지켜야 할 규정이 많습니다. 유니폼에 어울리는 머리 모양이나 화장, 액세서리, 심지어는 머리핀까지도 제한하므로 승무원은 비행 근무 전에 용모와 복장을 완벽하게 준비할 필요가 있습니다. 경력이 오래된 승무원들은 규정에 어긋나지 않게 유니폼을 입는 데 능숙하지만 신입 승무원들에게는 결코 쉽지만은 않습니다. 신참 승무원들은 고참 승무원들이 맵시 있게 유니폼 입은 모습을 보고 부러운 눈길로 바라보곤 합니다. 이는 단순히 외견상으로 비추어지는 유니폼의 차림새를 부러워하기보다는 경험에서 우러나오는 센스 있고 세련된 서비스 매너를 몸에 지닌 선배들에 대한 부러움이겠지요. 멀리, 높이 날기 위해서는 역시 '날개'를 잘 달아야 하나봅니다.

다양한 근무형태

스케줄표는 그들만의 독특한 달력입니다

일반 직장인들은 아침에 출근해서 저녁에 퇴근하거나 또는 주중에 근무하고 주말에 쉬는 경우가 많습니다. 그런데 승무원의 경우 이른바 스케줄 근무라는 것을 하고 있습니다. 매달 말경에 공지되는 개인별 비행 스케줄표에 따라 수천 명의 승무원이 서로 다른 각자의 스케줄에 의해 근무하는 것을 의미합니다.

승무원들의 스케줄은 매달 바뀌게 되며, 한 달 동안 비행하는 시간은 일정하지 않지만 보통 80~90시간 정도입니다. 물론 여름 휴가철이나 연휴로 인한 여행 성수기 때에는 이보다 많은 시간을, 비수기에는 더 적게 근무하기도 합니다.

승무원들은 벽에 걸린 일반 달력보다 자신만의 달력인 스케줄표를 기준으로 생활하게 되는데, 주말과 휴가 때에는 더욱 바빠지므로 일반 직장인과는 정반대의 달력을 갖고 사는 셈입니다.

스케줄표 12장이면 1년이 후딱 지나갑니다

사실 승무원들에게는 월급날 못지않게 기다려지는 날이 바로 다음 달의 비행 스케줄이 공지되는 날입니다.

신입 승무원은 물론, 근무경력이 많은 승무원까지도 자신의 비행 스케줄에 대해 기대와 설렘을 갖기 마련입니다. 개인마다 가고 싶은 곳도 다르고 좋아하는 곳도 다르기 때문입니다. 너무 긴 비행일정을 싫어하는 승무원이 있는가 하면, 아주 무더운 여름날에는 차라리 시원한 알래스카 같은 곳에 가서 며칠 머물다 왔으면 좋겠다고 생각하는 승무원도 있습니다. 그래서 비행 스케줄이 배포되는 날이면 승무원마다 각기 다른 얼굴 표정으로, 서로에게 자신의 스케줄을 자랑하기도 하고 또는 남의 스케줄을 부러워도 하는 모습을 쉽게 볼 수 있습니다.

이런 식으로 12장의 스케줄표만 받으면 1년이 지나가니, 승무원들에게 세월은 화살보다 더 빠르게 느껴질 수밖에 없겠지요?

비행근무만 하는 것은 아닙니다

승무원은 비행근무 이외에도 다양한 형태의 근무와 휴식시간을 갖습니다. 승무원의 다양한 근무형태는 다음과 같습니다.

- 편승(Extra Flight)

비행기에 탑승하지만 다음 비행근무를 위해서, 또는 지정된 비행근무를 마쳤을 경우 승객에게 신분이 노출되지 않도록 사복으로 갈아입고 비행기에 탑승하는 것을 말합니다.

• 대기(Stand-by)

결원이 발생했을 경우에 대비해 회사에서 지정한 장소에서 대기 근무하는 것을 말합니다. 대기 근무는 승무원 대기실에서 기다리는 공항 대기(Airport Stand-by)와 집에서 기다리는 자택 대기(Ready Flight)로 나누어지며, 어떠한 경우라도 회사로부터 연락이 있으면 곧 비행에 임해야 합니다.

특히 공항 대기 시에는 유니폼을 착용하고 만일의 경우에 대비해서 장거리 비행 준비도 미리 해두어야 합니다. 자택 대기는 한 달에 평균 2~3일 정도 되는데, 일정 시간 내의 외출은 금지됩니다. 일반적으로 전날 저녁까지나 당일 이른 아침까지 스케줄 변경이 없으면 그날은 자유시간을 갖게 됩니다.

• 해외 체류지에서의 휴식시간(Lay Over)

해외 체류지에서 머물게 되는 휴식시간을 말합니다. 승무원이라는 직업이 갖는 가장 큰 매력 중 하나입니다. 스케줄이나 머무는 장소에 따라 다르게 정해지며, 이 기간 동안 승무원들은 다음의 비행근무를 위해 충분한 휴식을 취할 수 있고 나름대로 짜임새 있는 여가시간을 보낼 수도 있습니다.

• 휴식(Day Off)

비행근무 후에 주어지는 휴무로 일반 직장에서의 휴일과 같습니다. 개인 스케줄에 따라 다르지만, 한 달에 평균 9~10일 정도 됩니다. 해외에서의 휴식까지 합하면 일반 직장인보다 훨씬 많은 셈입니다.

국내선 승무원과 국제선 승무원을 구별합니까?

"국제선 타세요? 국내선 타세요?"

승무원이라면 누구나 한 번쯤 받아보는 질문입니다. 기본적으로 모든 승무원의 스케줄은 국내선, 국제선 할 것 없이 팀 스케줄을 중심으로 국제선 비행과 국내선 비행이 균형 있게 짜입니다.

단, 비행경험이 거의 없는 신입 승무원들이나 진급을 한 중견 승무원의 경우 리더 직책수행을 위해 일정기간 국내선 비행근무를 하는 경우가 있습니다. 그리고 자기계발 등을 위하여 일시적으로 일정 기간 국내선 비행을 하는 경우가 있습니다. 그 외에도 육아문제나 건강이 나빠져서 회복기에 있는 승무원들의 경우, 국내선 비행을 하는데 국제선 비행을 하기 위해서는 다양한 시차와 기후 변화에 적응할 수 있는 건강이 뒷받침되어야 하기 때문입니다. 그 외 한시적으로 국내선 근무만을 전담하는 경력승무원들을 채용하는 경우도 있습니다.

날지 않는 승무원도 있습니다

날지 않는 승무원이란 회사 측의 요청에 따라 날개를 잠시 접고 비행근무 외에 다른 지상 업무를 맡게 되는 승무원을 말합니다.

일반 데스크 업무만 하는 사람에게는 승무원에 관련된 업무가 까다롭고 낯설게 느껴질 수밖에 없습니다. 예를 들어 승무원 관리와 훈련, 서비스 개선업무, 승무원 스케줄 관리, 고충처리 등의 지원업무들이 해당됩니다.

이러한 업무들은 비행기라는 특수한 환경과 조건 속에서 직접 비행근무를 체험해 보지 않으면 어려움이 많은 일들입니다. 이러한 이유로 회사 측에서는 일정 기간 동안 일부 승무원들을 지상에서 근무하게 하여 생생한 현장의 소리를 전달하는 코디네이터 역할을 하도록 합니다.

지상 근무직으로 발령받은 승무원들은 그동안 불규칙적이었지만 자유롭던 비행근무에서 물러나 매일 똑같이 반복되는 지상 업무를 한다는 것에 많은 부담을 느낍니다. 훨훨 날아다니다가 갑작스레 책상 앞에 앉아 있어야 한다는 것 자체가 힘들 수도 있습니다. 이러한 승무원들을 위해 선배는 "앉아 있는 연습부터 해라"라고 충고합니다. 지상근무도 고객 만족을 위한 또 다른 형태의 업무이므로 승무원 본연의 적극성과 서비스 경험을 살려 최선을 다해야 할 것입니다.

사무실은 갤리(Galley), 휴게실은 벙크(Bunk)

비행기는 승무원의 일터이지만 일반 사무실처럼 책상도, 컴퓨터도, 휴식공간도 따로 없습니다. 그들의 사무실은 갤리인 셈입니다. 갤리는 주방에 해당하는 곳으로 승객들에게 서비스할 이동식 기내 카트(Cart), 음료 이외에 다양한 서비스물품이 보관된 컴파트먼트(Compartment), 기내식을 데우는 오븐, 커피 메이커 등이 있습니다.

특히 갤리는 비행 중 승객들의 휴식에 방해가 되지 않도록 항상 커튼을 쳐서 가리고 있어 많은 승객들이 궁금해 합니다. 승무원들은 이곳에서 승객들을 만족시키기 위한 서비스의 전략을 세우거나 제공할 음식을 준비합니다. 또 서비스가 끝난 후에는 식사를 하기도 하고 동료들과 이야기를 나누며 비행의 피로를 잠시 잊기도 합니다.

장거리 비행 중 승무원들은 비행기 뒷부분 위층이나 아래층에 위치한 벙크라고 하는 곳에서 교대로 쉴 수도 있습니다. 벙크 안에는 승무원 전용의 2층 간이침대가 마련되어 있고, 그 외 비상장비들도 준비되어 있습니다.

진급체계: 신입 승무원에서 수석 사무장이 되기까지

일단 항공사에 객실승무원으로 입사를 하게 되면 여러 단계의 진급과정을 거치게 됩니다. 항공사마다 조금씩 차이는 있으나 처음 입사한 신입 승무원들은 3~5년 정도 비행근무를 한 후에 자격심사를 거쳐 부사무장(Assistant Purser)이 됩니다. 이를 보통 영어 알파벳의 앞 글자를 따서 AP라고 부르는데, AP가 되고 나서 3년이 지나면 기내의 리더 격인 사무장(Purser)으로 진급할 수 있는 자격이 주어집니다.

그리고 다시 사무장에서 4년이 지나면 일반직의 차장급인 선임 사무장(Senior Purser)으로의 진급기회가 주어지고, 다시 3년이 지나면 승무원직 중에서 최고의 직급으로서 일반직의 부장급인 수석 사무장(Chief Purser)이 될 수 있습니다. 이는 보통 4년제 대학을 졸업한 사람이 입사해서 12년 이상, 2년제 대학의 경우에는 14년 이상이 되어야만 부장급인 수석 사무장이 될 수 있다는 얘기가 됩니다.

한 번의 진급 누락도 없이 수석 사무장까지 진급한다는 것은 쉽지 않은 일입니다만, 일반 직장인의 진급과 비교해 볼 때 30세 중반쯤이 되면 한 팀(Team)을 책임지는 팀장이 될 수 있으므로 타 직장에 비해 그다지 진급 연한이 길거나 힘겹게 느껴지지는 않습니다. 물론 매 진급 시마다 요구되는 까다로운 조건들을 성실히 갖추어야만 가능한 일이겠지요.

끝없는 자기계발이 요구됩니다

승무원의 진급체계에 따른 역할 분담은 보다 상세하게 구분되어 있습니다. 비행기 내에서 모든 업무를 경험해 가며 다음 단계로 진급을 하기 위해서는 승무원 자신의 부단한 노력이 선행되어야 합니다.

이 중에서도 팀장이란 효율적인 비행근무 및 승무원 관리를 위해 전 승무원을 15~18명 정도로 나누어 만든 소규모 단위조직인 팀의 관리자를 의미합니다. 물론 팀장이 되거나 각 직급에서 다음 직급으로 진급하기 위해서는 자기계발의 노력과 평소 비행근무 시의 성과가 많은 부분을 차지하게 됩니다. 승객이 적게는 200명 정도에서 많게는 400명 정도 탑승하는 비행기의 팀장으로서, 한 팀을 이끌기 위해서는 객관적으로 검증된 능력 외에도 비행경험에 따른 통찰력, 순발력, 판단력, 리더십 등을 갖춰야 합니다.

특히 많은 승객의 안전을 책임지는 팀장은 비행을 성공적으로 이끌기 위해서 철저한 비행 업무는 물론 끝없는 자기계발에 대한 노력이 있어야 합니다.

독특한 승무원 사회

팀원은 제2의 가족입니다

입사 후 약 3개월간의 교육훈련을 이수하고 난 다음 비행을 하게 된 승무원들은 일단 모두 팀(Team)에 배속됩니다. 한 팀은 보통 15~18명의 승무원들로 편성되며 보통 2~3년에 한번 교체됩니다. 각 팀에는 효율적인 운영과 비행 업무를 고려하여 팀의 리더인 팀장에서부터 부팀장, 일등석과 비즈니스석을 담당하기 위한 상위클래스 서비스 훈련 이수자, 방송 상위 등급자 등 자격요건에 맞추어 고르게 배정됩니다. 전 승무원들은 각자의 팀에 소속됨으로써 자칫 소홀해지기 쉬운 소속감과 책임감을 갖게 되며 팀 구성원 간의 팀워크(Teamwork)를 배워 나가게 됩니다.

팀워크가 잘 이루어질 경우 개개인의 능력을 모두 합한 것보다 더 큰 시너지가 발휘되어 승객으로 하여금 뭔가 특별한 서비스를 받고 있는 듯한 느낌을 갖게 하고, 드물지만 반대의 경우는 서비스 자체가 조화롭지 못하고 왠지 어설프게 느껴지는 경우도 간혹 있습니다. 이는 팀 전원이 하나의 협연과 같은 작품을 만들어내는 것과 같다고 할 수 있습니다.

그러므로 일단 팀에 배속되면 팀원들 간에 서로 양보와 이해의 정신을 바탕으로 조화로운 관계를 이루어 나갈 수 있도록 최선을 다하는 것이 중요합니다. 특히 한 달의 반 이상을 해외에서 생활하면서 숙식을 함께하는 업무 특성상 팀원들은 동료이기보다는 제2의 가족 같은 존재입니다. 그리고 이러한 팀원 간의 가족 같은 동료애가 업무에는 큰 활력소가 되는 것이 사실입니다. 늘 한 비행기 내에서 같이 근무하다 보면 서로가 운명공동체임을 느끼고 친형제자매보다 더한 애정을 느끼게 된답니다. 전국 각지는 물론 상당수는 해외 취항시 현지인들까지 다양한 출신들이 함께한 비행기에서 최고의 서비스로 하나로 뭉치게 되는 객실승무원들의 비행생활은 아주 색다른 인생체험이 아닐 수 없습니다.

선후배 관계가 엄격합니다

"군대보다 더하다며?"

소위 승무원 사회의 시니어리티(Seniority)라고 하는 것은 이미 널리 알려진 사실입니다.

자유롭고 개인적인 대학생활에서 벗어나지 못한 신입 승무원들의 경우 처음 승무원으로 입사해서 많은 갈등을 겪게 됩니다. 특히 여승무원의 경우 남승무원과는 달리 군대와 같은 단체생활을 경험한 적이 없었으므로 선배의 권위가 절대적인 승무원 사회에 적응하는 데에는 어느 정도의 시간이 필요합니다. 그러나 이는 승무원 사회에의 적응이라기보다 누구나 처음 해보는 직장생활에의 적응이라고 생각합니다. 승무원 사회에 시니어리티가 존재하는 이유는 무엇보다 승객의 안전을 책임지는 막중한 임무를 수행하기 위해서 확실하고도 분명한 명령체계를 확립하기 위한 것입니다.

승무원 간 위계질서를 확립하여 근무의 경직성을 조장한다기보다는 늘 승객의 안전을 책임져야 하는 절대 절명의 사명감을 갖는 근무형태이므로 일반 직장과 같이 효율적인 업무수행을 위한 하나의 기능으로 이해해야겠습니다.

스튜어디스에 관한 오해와 진실: 어떻게 알고 계십니까?

스튜어디스는 예뻐야 한다?

스튜어디스를 지망하는 여성들은 대단한 미모를 가지고 있어야 한다고 생각하지만, 실제로는 자격요건에서 탤런트나 모델형의 미모를 요구하는 것이 절대로 아닙니다. 오히려 밝은 인상과 순박함을 더 중시하는 경우가 많습니다. 국내 항공사의 인사담당자들은 승무원 지원자의 용모가 당락에 미치는 영향이 지대하다고 인정하면서도 미스코리아나 연예인 같은 개성 넘치는 미모가 아니라 승무원 이미지에 맞는 '깨끗하고 단아하며 편안하고 누구나에게 호감을 주는 인상'을 원한다고 설명하고 있습니다.

또한 비행기 내에서 일할 때에는 지상과 비교해서 3배에 달하는 체력을 필요로 하고 해외 각지에서의 시차에도 적응해야 하기 때문에 신체건강이 가장 중요한 요소입니다.

이외에 투철한 서비스 정신과 직업의식, 비상사태에 대한 침착한 대처능력, 교양미 등이 중요한 자질로 요구됩니다. 그중 가장 큰 비중을 두고 보는 것은 '서비스 자질' 즉 어떤 상황에서도 승객을 위하고 즐겁고 편하게 응대할 수 있는 소양이겠지요.

스튜어디스는 고소득자?

스튜어디스의 급여는 일반 직장인과 같이 매월 일정하지 않습니다. 한 달 수입은 기본급, 비행수당, 야간근무수당, 보너스 등으로 이루어지는데, 월급의 상당부분을 차지하는 비행수당이 개인 스케줄에 따른 비행시간에 따라 달라지기 때문입니다.

기본급은 일반 직장인 급여와 비슷하지만 직급에 따른 호봉과 근무경력에 따라 약간씩 차이가 있습니다. 그리고 비행수당은 실제 비행근무를 한 시간에 따라 받는 수당을 말합니다. 또한 해외 체류 시에는 식사, 교통, 관광 등에 필요한 체류비(Perdium)를 비행할 때마다 달러(US dollar)로 따로 지급받고 있습니다. 이처럼 승무원은 다양한 명목으로 월급을 받게 되는데 모두 합하면 같은 동년배의 일반 대기업 사원보다 꽤 높은 수준의 임금을 받는 셈입니다.

이 밖에도 항공사 직원의 경우 할인 항공권 지급, 국내외 유명 호텔 할인 등의 혜택이 있어 휴가 시에 유용하게 쓸 수 있는데 이는 항공사 직원만이 누릴 수 있는 큰 혜택입니다.

스튜어디스는 사치스럽다?

이젠 오래된 옛날이야기 같지만 해외여행이 제한되던 시절에는 해외로 여행을 떠난다는 것 자체가 다른 사람들에게 선망의 대상이었습니다. 그래서인지 직업상 비행근무를 하며 해외를 오가는 스튜어디스가 그 당시 호사스럽게 보인 모양입니다. 지금까지도 그런 인식이 언제나 그림자처럼 따라다닙니다.

몇 천 명이 넘는 승무원 조직 내에는 다양한 개성과 성격을 가진 사람들이 존재합니다. 그래서 승무원을 통틀어 '어떻다'라고 단정지어 말하기는 곤란합니다. 스튜어디스 중에는 건실한 가장(家長)의 역할까지 하는 이들도 있고, 근검절약이 몸에 밴 이들도 있고, 지독하리만큼 알뜰한 이들도 많다는 사실을 알려드리고 싶습니다.

스튜어디스는 외국인에게만 친절하다?

세계화를 추구하는 이 시대에도 승무원들이 가장 많이 받는 오해 중 하나입니다. 하지만 이런 얘기를 들을 때마다 속상하고 안타까울 따름입니다. 한국을 대표하는 국적 항공사에 근무하면서 접했던 승객의 대부분은 한국인입니다. 물론 지금은 국제화시대에 걸맞게 외국인 승객도 상당부분을 차지하고 있지만, 누가 뭐라 해도 한국인 승객이 주요 고객인 것만은 틀림없는 사실이지요. 항공사 차원에서도 자국민에 대한 서비스 수준을 높이기 위해 비빔밥이나 한정식, 비빔국수 같은 한식 메뉴의 개발을 위한 노력을 아끼지 않고, 또한 양식을 서비스하면서도 한국인의 입맛에 맞도록 기내용 고추장을 별도로 제작해 서비스하는 등 많은 노력을 기울이고 있습니다.

그럼에도 불구하고 몇몇 분들은 승무원들이 외국인에게만 친절하다고 생각하시는 것 같습니다. 그렇다면 아마도 내 집에 오신 손님에게 더 잘 대접하려 했던 우리의 전통의식이 표출된 게 아닌가 싶습니다. 외국인에게 좀 더 신경 쓰고 좋은 인상을 남기고 싶어 하는 마음의 표현이 약간 과장되게 보여서일까요? 더욱이 모국어가 아닌 이상 표현의 한계는 있기 마련이므로 말로는 완벽하게 전달하지 못하는 부분을 행동으로 좀 더 애써 표현하려다 보니 그러한 오해를 받게 되는 듯합니다.

무엇보다 확실한 사실은 승무원에게 승객의 국적은 분명 중요하지 않다는 것입니다. 비행기에 탑승한 모든 분들이 소중한 손님이니까요.

결혼하면 날 수 없나요?

"나 결혼해."

"축하해, 그럼 언제까지 비행해?"

예전에는 입사해서 3년 정도 다니다 '결혼하면 그만두지'라고 생각하는 승무원이 많았습니다. 여승무원들 사이엔 결혼과 동시에 퇴사한다는 불문율이 존재하고 있었고, 승무원이 되고 싶어 하는 이유가 해외여행이나 실컷 하자는 것이었으니 대략 3년 정도 비행을 하고 나면 웬만한 곳은 모두 여행할 수 있지 않을까 하는 생각이 은연중에 작용했기 때문입니다.

그러나 요즘에는 승무원이 되고 싶다는 지원자 중에 결혼하더라도 승무원을 평생직으로 삼겠다는 이들이 꽤 많습니다. '하늘의 꽃'으로 잠시 머물다 가는 임시직이 아닌 평생직장으로 승무원을 선택한다는 것입니다. 그러니 여행 중에 혹시 아줌마 승무원을 만나더라도 너무 놀라지는 마십시오. 보통 기혼의 직장 여성들이 아침마다 출근하는 것과 마찬가지로 승무원들도 여느 때처럼 하늘로 출근하는 것뿐이니까요.

출산과 육아 휴가

보통의 직장 여성들이 출산 직전까지 힘겹게 근무하는 것과는 달리 여승무원들은 임신과 동시에 휴직에 들어가게 됩니다. 그 후 출산휴가와 육아휴가까지 거쳐 비행근무에 적합한 신체적 조건을 다시 갖출 때까지 약 1년에서 2년 이상 충분한 휴식을 취할 수 있습니다. 일반 직장 여성들이 출산 후 2~3개월 정도 휴식시간을 갖는 것에 비하면 승무원만이 누릴 수 있는 또 하나의 특혜라고 할 수 있겠지요.

스튜어디스의 정년퇴직은?

앞서 밝혔듯이 90년대 초반까지 스튜어디스는 결혼과 동시에 회사를 그만두어야 한다는 불문율이 존재했던 것이 사실입니다. 그래서 스튜어디스의 정년을 결혼하기 전까지라고 생각했습니다.

그렇지만 엄연히 스튜어디스의 정년은 일반 직장인과 똑같습니다. 정년까지 비행을 한다는 것이 분명 쉬운 일은 아닙니다만, 평소 자신의 건강관리나 실력 향상에 대한 노력을 게을리하지 않는다면 얼마든지 가능한 이야기입니다. 특히 승무원이란 서비스 직종에서 더욱 유리한 여성 고유의 특질을 살려 현장에서 고객만족의 서비스 리더십을 발휘하고, 내부적으로는 부드럽고 합리적인 인사관리 등을 통하여 그 실력을 인정받아 발전해 가고 있는 여성 리더의 수가 점차 늘어나고 있는 추세입니다. 실제로 여성 리더 중에 20년 이상 근무한 장기 근속자도 상당수이며 하늘 위에서 평생을 보내고 명예로운 정년퇴직을 눈앞에 둔 스튜어디스도 있습니다.

하늘에서 별 따기: 임원이 되는 스튜어디스도 있습니다

승무원을 비롯한 모든 직장인들에게 성공이라 불릴 수 있는 임원, 특히 우리나라에서 여성의 경우 임원은 특별한 이슈가 되기도 합니다. 최근 사회적으로 여성 리더의 수가 점차 늘어나면서 두꺼운 유리천장을 깬 여성 임원들이 지속적으로 배출되고 있고 그중에 스튜어디스 출신도 당당히 임원으로 포함되어 있습니다.

제3절 넘어야 할 관문, 갖추어야 할 자질

넘어야 할 관문들

높은 경쟁률에 미리 놀라지 마십시오

스튜어디스가 되기 위해서는 항공사마다 1년에 한두 차례 있는 정시 모집이나, 틈틈이 결원이 생길 때마다 시행하는 상시 채용에 지원해야 하는데, 매년 그 경쟁률은 높아지고 있습니다.

최근 몇 년 동안 승무원 채용공고가 있을 때마다 너무 많은 지원자가 몰려 그 경쟁률이 자그마치 수십 대 일까지 치솟았다고 합니다. 물론 요즘의 높은 실업률을 감안할 때 어느 정도의 경쟁률이 예상되지만, 경쟁이 이처럼 치열한 것을 보면 직업으로서 승무원의 위상과 인기가 더욱 높아진 것만은 사실인 것 같습니다.

이렇게 높은 경쟁을 이겨내기 위해서는 항공사가 요구하는 신체조건에도 맞아야 하고 용모, 외국어 실력 등 몇 차례에 걸친 면접, 필기시험, 적성검사, 체력검사 등을 모두 통과해야 합니다. 그러나 무엇보다 중요한 것은 외모나 뛰어난 외국어 실력이 아니라 위급한 상황에 신속하게 대처할 수 있는 강인한 정신력과 책임감, 그리고 타인에게 봉사할 수 있는 따뜻한 마음가짐입니다. 높은 경쟁률이 말해주듯 스튜어디스가 되겠다는 지원자는 많지만 진정 스튜어디스가 하는 일이 무엇인지 정확히 알고 있는 지원자는 많지 않습니다.

통과해야 할 관문

- **서류전형**

인터넷으로 접수하는 경우가 많습니다. 일반적으로 서류전형에서는 나이, 출신학교, 전공, 학점, 공인된 기관에서 취득한 영어시험 성적을 비롯한 제2 외국어 자격, 가족관계 등 지원자의 객관적인 인적 사항들에 대한 자료들을 심사받게 됩니다.

- 1차 면접

용모와 인상이 스튜어디스로서 적합한가를 판별하기 위한 과정입니다. 각 항공사마다 약간의 차이는 있으나 일반적으로 신장 162cm, 교정시력 1.0 이상의 신체조건을 요구합니다.

- 인성 및 적성 검사

서비스맨으로서 기본적인 소양과 감성을 지녔는지를 설문을 통해 측정합니다.

- 최종 면접

- 임원 면접

응시자의 용모, 태도, 자세, 말씨, 표정, 걸음걸이 등 외적인 관찰 이외에도 스튜어디스로서의 기본 자질을 갖추고 있는지를 인터뷰하여 최종적으로 판단합니다.

- 영어회화 인터뷰

최종 면접 시에는 기초적인 생활영어의 구사능력 테스트를 위한 원어민과의 인터뷰가 동시에 진행됩니다. 이때는 회화능력 못지않게 영어로 의사를 표현하고 이해하려는 의지와 용기도 높이 평가됩니다. 승무원은 내국인은 물론 외국인을 상대로 서비스해야 하므로 다른 직업에 비해 외국어 능력이 절실히 요구되며 동시에 지속적인 외국어 능력 향상 의지도 매우 중요합니다.

- 방송시험

항공사마다 다소 차이는 있지만 대체로 비행 업무 중 기내방송이 중요한 업무 중 하나이기 때문에 최근에는 최종 면접 시 기내방송 능력을 테스트받게 됩니다. 실제로 국문, 영문의 기내방송 문안을 제시해 주고 읽게 하는데, 유창한 방송실력을 평가한다기보다 사투리가 심한 경우나 기본적인 발음의 문제가 있는지 등 기본적인 자질을 판단합니다.

- **체력검사**

최종 면접까지 통과한 지원자들은 체력 테스트를 받게 됩니다. 장시간의 비행근무는 물론 지역 간의 시차 및 생활환경(기후, 풍습, 식사 등)의 차이를 극복하기 위해서 강한 체력은 승무원에게 필수조건입니다. 주로 순발력, 심폐기능 측정, 악력(握力), 근력의 유연성 등을 테스트합니다.

- **수영 테스트**

수영 테스트는 항공기가 해상에 떨어졌을 때 승객구조 능력과 체력을 평가하기 위한 것으로, 항공사마다 약간의 차이는 있으나 평가기준은 대략 25m입니다.

따라서 수영 테스트에서 합격하지 못한 사람은 절대로 비행근무에 임할 수 없으며, 외국 항공사의 경우 수영 테스트를 매우 중요하게 여겨서 까다롭게 평가하고 있습니다.

간혹 신입 승무원 중에는 선천적으로 물을 무서워하는 등의 이유로 교육이 끝날 무렵까지 수영을 배우지 못하는 사람이 있습니다. 이러한 사람들은 보통 다음에 입사하는 사람들과 다시 교육을 받게 되는데, 훈련기간 내내 수영장에 연습하러 다님으로써 결국은 수영 장애를 극복합니다. 그리고 나중에는 실력을 갈고 닦아 수준급의 수영 실력을 갖는 경우도 많습니다. 만약 여러분들 중에 수영을 못하는 분이 있다면 지금 당장이라도 배워두기 바랍니다. 그만큼 승무원이 되는 길은 가까워질 테니까요.

- **신체검사**

신장, 체중 등 체위 측정과 엑스레이 검사, 혈액 및 소변 검사를 통해 질병의 유무와 건강의 정도를 체크하여 비행근무의 적격 여부를 판별합니다.

이런 사람이라면 OK!

바람직한 승무원의 모습은 이렇습니다

승무원 중 1년 이내에 퇴사하는 사람들을 보면 건강상의 문제나 신변상의 이유도 있으나 대부분은 비행생활이나 단체생활에 적응하지 못해서인 경우가 많습니다.

따라서 회사 측에서는 승무원을 선발할 때부터 승무원으로서의 자질과 적성을 갖고 있는가를 파악하는 것에 많은 관심을 갖습니다. 한 사람의 승무원이 탄생하기까지는 많은 노력과 시간이 필요한데 적성이 맞지 않는다는 이유로 퇴사하는 승무원이 많아진다면 개인적으로나 회사 입장에서나 상당한 손해입니다. 그래서 인성 및 적성검사를 통해 조금이라도 이러한 시행착오를 줄이려고 합니다.

일반적으로 자질은 선천적으로만 결정되는 것이 아니고 후천적으로 훈련될 수도 있는 것이 사실입니다. 오히려 실제 비행근무에서는 후천적으로 양성된 자질에 의해 근무행태의 질을 높일 수 있고 서비스가 한층 빛날 수 있습니다. 그러나 어느 정도 기본적으로 갖춰진 성향이 있을 때 그 자질을 바탕으로 계속 개발될 수 있는 가능성은 더욱 높을 것이라고 봅니다.

물론 인성 및 적성 검사가 100% 정확하게 승무원으로서의 자질과 적성을 판단해 내리라고는 기대할 수 없을 것입니다. 더욱이 승무원은 반드시 어떠한 자질을 갖고 있어야 한다는 계량화된 기준도 없습니다. 단지 승무원의 업무 특성상 사람 만나는 것을 싫어하는 사람보다는 좋아하는 사람이, 이기적인 사람보다는 타인에 대한 따뜻한 봉사와 희생정신이 있는 사람이 승무원으로 근무하는 데 더욱 적합한 것은 분명한 사실입니다.

승무원으로서 가장 필요한 요건은 '친절하고 따뜻한 마음자세' 그리고 '일에 대한 책임감'입니다. 또한 늘 밝고 즐거운 마음을 유지하기 위해 현재의 생활을 긍정적으로 생각하는 마음과 자신감을 갖는 것이 중요합니다. 몇 해 전 어느 외국 항공사는 지원자격에 '팀플레이 정신'과 '유머감각'이 필요하다고 명시해 화제가 되기도 했습니다.

승무원은 직업상 다양한 상황 속에서 각양각색의 개성과 인격을 가진 사람들을 상대로 항상 만족감을 줄 수 있는 서비스를 해야 하는 어려운 위치에 있습니다. '바람직한 승무원의 모습이란 이러한 것'이라고 한마디로 정의 내리기가 쉽지 않지만 대부분의 승객들이 친절하며 다정하다고 말하는 승무원들의 공통된 모습은 다음과 같습니다.

- 밝고 명랑하며 깨끗한 이미지를 가진 사람(상냥함과 청결함)
- 적극적이며 협조성이 강한 사람(팀워크)
- 침착하며 자신의 감정을 억제할 수 있는 사람(인내력)
- 가슴이 따뜻한 사람(친숙함)
- 건전한 사고방식, 건강한 심신을 가진 사람(강한 체력)
- 서비스 마인드를 갖고 있는 사람(직업의식)
- 자기관리 능력이 있는 사람(자기계발 의지)
- 외국어 구사능력이 있는 사람(언어 구사력)

건강하지 않으면 이미 자격 미달입니다

승무원직은 지상이 아닌 공중에서 근무해야 하는 특수한 직업이고 잦은 시차도 극복해야 하며 기후와 음식이 다른 해외에서 많은 시간을 생활해야 하므로 건강한 체력이 절실히 요구됩니다. 따라서 승무원은 항공기 탑승 근무에 적합한 신체조건을 유지해야 하며, 그 조건이 미비하거나 미달될 때는 자격이 일시 정지되거나 상실될 수도 있습니다. 항공사에서도 타인에게 혐오감을 주는 외상(外傷)이나 병리적 상해(傷害)가 있을 때는 회복 시까지 비행근무를 할 수 없도록 규정해 놓고 있습니다.

승무원이 안경이나 선글라스를 착용할 수 없도록 한 것도 단순한 서비스 차원에서 외모를 관리하기 위한 것이라기보다는 기내에서 안전요원으로 활동하는 승무원의 역할을 고려했기 때문입니다. 그러므로 승무원은 항상 자신의 건강관리에 보다 세심한 관심을 기울여야만 합니다. 회사 측에서도 모든 승무원이 1년에 한 번씩 의무적으로 사내 항공전문 의료기관에서 체력 테스트나 신체검사를 받도록 하고 있습니다.

실제로 승무원들이 가장 신경을 쓰는 것은 '객실승무원 항공 신체기준'에 따른 체중관리 부분입니다. 승무원으로 채용될 때는 물론이고 일정한 훈련과정을 거쳐 근무하게 될 때에도 항공 신체기준에 적합한지를 가려내고 있습니다. 스튜어디스가 모두 날씬하다고 하지만 너무 마른 사람도 실격이고 과체중인 사람도 기준에서 벗어나게 되는 것입니다.

여행을 좋아한다면 금상첨화

승무원들에게 입사 동기를 물어보면 대부분 여행을 좋아하기 때문이라고 합니다. 직업상 세계 각국을 돌아다니며 사람 사는 모습을 보고 이국적인 풍경을 구경할 수 있다는 것에 매료되지 않을 사람은 없을 것입니다. 그러나 막상 비행 스케줄대로 세계 이곳저곳을 다니다 보면 여행의 기쁨보다는 승무원이라는 직업이 쉽지만은 않다는 것을 먼저 깨닫게 되는 것이 사실입니다. 비행을 직접 해보지 않은 사람들은 스케줄표만 보고서 한 달에 휴일이 9~10일 정도 있으니 많이 쉴 수 있어 좋겠다고 합니다. 그러나 국제선 비행일 경우 주로 야간비행이 많고, 국내선 비행일 경우 보통 왕복비행이나 이착륙을 4~5번이나 해야 되는 비행이 대부분이기 때문에 육체적으로 힘들 때가 많습니다. 이러한 어려움들을 충분히 이겨낼 수 있는 것은 바로 여행이라는 매력 때문이지요. 승무원이라면 누구나 한 번쯤은 파리의 에펠탑(Tour Eiffel) 아래에서, 로마의 웅장하고 장엄한 성베드로 성당에서, 스위스의 융프라우(Jungfrau) 산 위에서, 화려한 브로드웨이(Broadway)에서, 또 휘슬러의 수십 개가 넘는 스키 슬로프(Ski Slope) 위에서 '아! 내가 승무원이 되기를 정말 잘했구나' 하는 생각을 하니까요. 승무원으로서 비행이 아무리 힘들다고 해도 여러 나라에서 다양한 문화를 체험할 수 있는 기회는 여행을 좋아하는 사람이라면 도저히 떨쳐버릴 수 없는 유혹이 될 것입니다.

세계 여러 나라의 이문화를 체험할 수 있습니다

① 파리의 상징 '에펠탑'을 뒤로 기쁨의 'V'자를
② 낙타를 타고 피라미드를 향해
③ 샌프란시스코 해변의 멋쟁이 숙녀들
④ 베스트셀러의 주인공 '돈키호테' 조각상과 함께 찰칵!
⑤ 고대 로마시대 콜로세움의 열기를 뒤로한 채 스마일!
⑥ 장엄한 룩소르 신전에서
⑦ 나이아가라 폭포에서 무지개를 기다리며

제4절 끊임없는 교육과 훈련

항공사의 일원이 되기 위한 신입사원 교육

앞서 말씀드린 어려운 관문들을 거쳐 최종 합격 통보를 받는 것으로 객실승무원이 되는 것은 아닙니다. 스튜어디스 공채시험에 합격한 예비 스튜어디스들은 각 항공사의 규정에 따라 소정의 훈련과정을 이수해야만 스튜어디스로 근무할 수 있습니다.

그 첫 번째 관문으로, 항공사의 연수원에서 합숙훈련을 통해 신입사원 교육을 받습니다. 건전하고 양식 있는 사회인으로서의 자세와 신입사원으로서의 마음가짐, 공공 운송서비스 사업의 사명과 경영방침 등을 주로 배우게 되며 공항업무를 중심으로 하여 항공운송 업무 전반에 걸친 기초지식을 습득하게 됩니다. 이러한 합숙훈련을 마치고 나면 애사심도 싹트고, 드디어 나도 항공사의 일원이 되었다는 생각에 가슴이 뿌듯해집니다. 신입사원 교육이 끝나면 전문 직업인인 승무원이 되기 위한 본격적인 훈련에 들어가게 됩니다.

진정한 승무원이 되기 위한 기본훈련

일반적으로 진정한 승무원이 되기 위해서는 약 3개월에 걸쳐 객실승무원 기본훈련을 받게 됩니다. 이외에도 근무연한에 따라 전문 승무원이 되기 위한 부문별 훈련 프로그램 등이 다양하게 실시됩니다.

처음으로 사회생활을 시작한 신입 승무원들은 너무 빡빡하게 짜인 교육일정을 따라가는 것이 쉽지만은 않습니다. 그러나 점차 훈련에 익숙해지다 보면 전문 서비스맨으로서의 자부심도 생기고 비행기 내에서의 승무원의 역할도 이해하게 됩니다. 보람되고 활력 있는 비행생활을 위해서는 승객의 안전을 책임지는 훈련이 반드시 필요하다는 사실을 깨닫게 되는 것입니다.

엄격한 객실승무원 기본훈련

처음 신입 승무원으로 입사하게 되면 대략 세 달간 객실승무원 기본훈련을 거쳐 첫 비행생활을 시작합니다.

이 기본훈련은 승객의 안전을 책임질 수 있는 강인한 정신력과 판단력을 키우고 기초적인 서비스 마인드를 함양하는 것이 주된 목적입니다. 따라서 철저한 훈련과 테스트가 계속되며 상당히 엄격한 방식으로 실시됩니다.

교육 중에는 벌점제도를 시행하는데 지각, 결석, 태도 불량, 용모 불량 등으로 지적을 받게 되면 그때마다 개인별로 벌점이 누적됩니다. 이 훈련과정을 제대로 마치지 못하면 다음 단계인 비행근무는 시작조차 할 수 없게 되는데, 교육 중에 벌점의 누적으로 입사가 취소되기도 하고 일정 기간 동안 재교육을 받기도 합니다.

이 교육과 훈련을 통해 예비 승무원들은 자신의 성격이나 능력이 승무원으로서 적합한가를 스스로 판단하여 보다 적극적으로 훈련에 임하기도 하고, 이와 반대로 극히 소수이지만 자진해서 퇴사를 결심하는 경우도 있습니다. 훈련과정은 비행근무를 하기 위한 준비과정이기도 하지만 본인이 과연 승무원으로 근무할 수 있는지의 여부를 스스로 시험해 보고 판단하는 과정이기도 합니다.

기본훈련과정을 마치면 비행근무를 시작하게 되는데 약 3~6개월 동안 신입승무원들은 같이 탑승한 사무장이나 선배 승무원으로부터 단정한 용모 및 복장과 직장 예절, 비상상황 시 대처능력, 고객응대 태도, 서비스 업무지식 등에 대해 매 비행 때마다 평가를 받습니다. 이 기간 동안 OJT(On the Job Training) 평가서를 기초로 다음 단계의 비행근무가 결정됩니다.

객실승무원 기본훈련 중 안전훈련은 법정 필수 훈련입니다

항공기에 만일의 비상사태가 발생했을 때 승무원은 즉각 필요한 조치를 취할 수 있는 지식과 능력을 갖춰야 하며, 이를 습득, 유지하기 위하여 운항규정에 명시된 객실승무원 안전훈련 심사규칙에 따라 소정의 법정 교육을 이수하고 심사에 합격해야만 합니다. 약 1개월가량의 안전훈련이 기본 코스가 되는 셈입니다. 다른 훈련과정도 마찬가지입니다만, 객실승무원 기본훈련 중 안전훈련의 경우는 훈련 강도가 매우 엄격하고 철저합니다.

긴급 탈출 시 보안요원은 바로 승무원들이기 때문에, 어떠한 때라도 상황을 냉정히 판단할 수 있는 뛰어난 판단력을 갖고 있어야 합니다. 이런 이유로 승무원 중에는 특출한 미인이 많지 않은지도 모릅니다. 물론 승무원 출신 중에는 미스코리아가 된 사람도 있지만, 일반적으로 예쁘고 아름답기만 한 사람보다는 체력이 튼튼한 사람 중에서 영리하고 성격이 밝은 사람이 스튜어디스가 될 수 있다고 생각하면 틀림이 없습니다. 사람들은 스튜어디스는 무조건 미인이라고 생각하지만 삶과 죽음의 갈림길에 서게 되는 긴급 탈출 시에 승무원의 외적인 아름다움은 아무 도움도 되지 않습니다.

비상 탈출 시에 승객을 통제하고 지휘하는 고함 소리는 서비스할 때의 상냥하고 우아한 분위기와는 달리 동작이 크고 절제되어 있으며 말씨도 명령조가 됩니다. 예를 들면 “벨트를 푸십시오. 이쪽으로 오십시오”라는 말 대신 “벨트 풀어! 이쪽으로! 저쪽으로!”와 같은 강한 어조의 명령어가 되겠지요.

수습 배지를 달고 첫 현장실습 비행

엄격한 훈련들이 끝나갈 무렵 드디어 꿈에 그리던 승무원으로서 첫 발을 내딛게 됩니다. 가슴에는 하얀 수습 배지를 달고서 말입니다. 입사해서 훈련받는 동안에도 신입승무원이라는 이름으로 훈련원을 오갔지만, 비행근무 한 번 하지 않고 승무원이라는 이름으로 불리는 것을 조금은 부끄럽게도 생각했었습니다. 이제 드디어 비행을 하게 된다니 ‘나도 이제 정말 승무원이 되었구나!’ 하는 생각에 어깨가 절로 으쓱해집니다.

하지만 이런 기분도 잠시뿐입니다. 현장실습 비행근무는 정말로 긴장되고 난처한 시간의 연속입니다. 특히 국제선 실습비행 때에는 훈련을 아무리 열심히 받고 우수한 성적으로 교육을 통과한 사람일지라도 일단 비행기에 탑승하면 ‘내가 어디서 근무해야 하지?’ 할 정도로 넓게만 보이는 비행기 내에서 당황하게 됩니다. 게다가 비행근무 내내 실수를 연발하여 다른 선배 승무원들의 방해거리가 된 것 같은 기분이 들기도 합니다. 승무원으로서의 길이 멀게만 느껴지고 자신이 초라하게 보이기까지 합니다. 그렇게 정신없이 비행기 안을 왔다 갔다 하다 보면 어느새 목적지의 공항에 도착하게 됩니다. 어떤 때는 한숨 돌릴 여유도 없이 뉴욕이나 로스앤젤레스에 도착하고 나서는 동기들끼리 "걸어서 뉴욕까지 다녀왔다"라는 푸념을 하기도 합니다. 지금 생각해 보면 '어떻게 그런 비행을 할 수 있었을까' 하는 생각이 들 정도입니다.

하지만 모든 일의 시작에는 시련이 있기 마련이지요. 이 기간 동안 선배들의 도움을 받으며 실제 현장업무를 익히고 갖가지 새로운 경험을 쌓아가기 위한 과정이라고 생각하십시오. 머지않아 수습 승무원으로서의 티를 벗고 자신감과 세련된 매너를 겸비한 전문 스튜어디스로 면모를 갖추고 있는 자신의 모습을 발견할 수 있을 것입니다. 수습 승무원 시기는 말 그대로 실제 비행을 통한 훈련의 연장이므로 약간의 실수는 용납이 됩니다. 사실 승무원으로서 제 역할을 해내려면 앞으로도 몇 배의 노력이 필요합니다.

세련된 객실승무원이 되기 위해 다양하고 전문적인 서비스 훈련도 이수해야 합니다

객실승무원 기본훈련기간 동안에 안전훈련은 물론 어학 교육과 서양 식음료에 관한 교육 등이 더욱 강화됩니다.

그리고 승무원의 다양한 역할을 소화해 내기 위해 세계 여러 나라의 출입국절차와 세관절차는 물론, 환율과 날씨, 여행정보와 문화, 교통 안내까지 훤히 꿰뚫고 있어야 합니다. 그야말로 움직이는 정보 뱅크가 되기 위한 교육을 철저히 받게 됩니다. 마찬가지로 이 훈련에서도 일정 수준 이상의 성적을 받지 못하면 비행을 할 수 없습니다.

이처럼 승무원들은 입사해서 객실승무원 기본훈련, 상위클래스 훈련, 방송훈련, 정례 안전훈련 등등 끊임없는 보수교육과 훈련 그리고 이에 따른 평가를 계속 받으면서 비행근무를 하게 됩니다. 승무원들 중에는 이러한 훈련에 스트레스를 받는 사람도 많습니다. 하지만 훈련의 세계는 승무원의 세계만큼이나 높고 넓은 데야 도리가 없겠지요.

프로가 되기 위한 독특한 훈련 프로그램

미소 짓는 훈련이 가장 어렵습니다

각박한 현대를 살아가는 보통 사람들인 우리들의 얼굴에서 너나 할 것 없이 굳어진 표정을 볼 수 있습니다. 참으로 미소 짓는 표정을 찾아보기 힘듭니다. 그래서인지 승무원이 되기 위한 훈련과정에서 갑작스레 자연스런 표정을 만들어내기가 여간 힘든 것이 아닙니다. 가만히 있어도 웃는 모습, 누군가를 만났을 때는 반가이 미소 짓는 모습, 기쁠 때의 표정, 또 슬픈 얘기를 듣고 나서 지어야 하는 표정 등등 제각기 다른 표정들을 자연스럽게 표현한다는 사실이 어렵다는 것을 신입 훈련 때 처음으로 알게 됩니다.

신문을 읽으면서도, 텔레비전을 보면서도, 길을 가면서도 입꼬리를 양 눈가까지 끌어올리며 스마일을 연습한 끝에 얻어낸 자연스러운 미소는 스튜어디스들이 지금까지 살아가는 데 큰 재산이 되고 있습니다.

시간 엄수는 승무원의 생명입니다

모든 신입 훈련과정에서 가장 강조되는 것 가운데 하나는 바로 시간 엄수입니다. 어떠한 이유로든지 지각이나 결석, 조퇴 등을 하게 되면 훈련성적에 막대한 지장을 초래합니다. 아무리 훈련성적이 좋다고 해도 시간 엄수에 대한 감각이 결여되어 있다고 판단되면 과감히 훈련 이수자 명단에서 제외됩니다.

이처럼 승무원으로서 시간 개념이 철저해야 하는 이유는 비행근무 자체가 시간과의 약속이라고도 할 수 있기 때문입니다. 정시 운항을 생명으로 여기는 항공사에서 승무원으로 인한 시간의 지연은 감히 상상할 수도 없는 일입니다. 그리고 항상 단체로 움직이게 되는 승무원 조직의 특성상 시간을 지키지 않는다는 것은 승무원으로서의 기본 자질을 의심케 하는 요인이 되므로 입사 시절부터 철저한 시간 개념을 심어주려는 것입니다.

신입 승무원뿐만 아니라 기존의 승무원들은 비행시간에 늦을 경우 미스 플라이트(Miss Flight)라고 해서 근무 평점에 엄청난 불이익을 받게 됩니다. 그리고 교육시간 또는 대기 근무시간에 늦는 것도 벌점 처리되기 때문에 승무원은 항상 시간 엄수에 촉각을 곤두세우게 됩니다. 그래서인지 많은 승무원들은 자명종 시계 2개 정도는 기본적으로 가지고 다닙니다.

방송 전문훈련

기내에서는 정해진 업무절차에 따라 방송담당 승무원에 의해 방송이 실시됩니다. 기내방송은 승객들에게 항공여행 중 필요한 정보를 효과적으로 안내하기 위한 방법이 되기도 하고 만일의 비상사태 및 위급한 상황 시 승객을 효율적으로 통제할 수 있는 기능을 하기도 합니다.

그래서인지 기내방송에 대한 중요성은 입사 초부터 강조됩니다. 모든 승무원이 정확하고 올바른 방송을 할 수 있도록 기본적인 능력을 갖추도록 합니다. 그래서인지 간혹 심한 사투리 억양이나 발음상의 문제 때문에 방송 자격시험에 매번 탈락하여 어려움을 겪는 승무원을 보면 안타까울 때가 많습니다.

기내방송은 비행기에 탑승한 승무원 중에서도 소정의 테스트를 거쳐 가장 우수한 실력을 가진 사람이 담당하게 되는데, 방송 담당 승무원뿐만 아니라 그 외의 승무원들은 기내의 아나운서가 되기 위해 방송 실력을 높이는 데 많은 노력을 기울이고 있습니다. 간혹 기내에서 맑고 낭랑한 스튜어디스의 방송을 들으시고 아나운서의 목소리를 따로 녹음해 놓은 것이 아니냐는 질문을 받기도 합니다.

기내방송은 한 사람의 승무원이 담당합니다만, 방송자격은 승무원 개개인에게 진급을 위한 기본요건이 되므로 포기할 수 없는 부분이기도 합니다. 아나운서같이 예쁜 목소리로 정확히 발음하기 위해 누구에게나 뼈를 깎는 고통이 따르게 됩니다. 늘 방송 모델 테이프를 들으며 교정하기도 하고 연습해 보기도 하지만 갑작스레 아나운서가 될 수는 없는 것이지요. 따라서 승무원이라면 방송 자격 취득을 위한 노력을 게을리해서는 안됩니다.

팀워크(Teamwork) 전문훈련

비행근무는 15~18명이 한 팀을 이루어 근무하게 되므로 구성원들 간의 협동과 팀워크가 무엇보다 중요합니다. 일정 기간 동안 한 팀으로 비행을 같이하는 경우 팀이 구성된 초기에 상호 협동심을 고양시키기 위해 팀워크 훈련을 받게 됩니다. 이때 모든 팀원이 함께 팀워크 프로그램을 받으면서 공동운명체로서의 일체감과 협동심을 높이고, 팀 자체적으로 비상상황 발생 시 대처능력 배양과 기내 서비스의 향상을 위한 방안을 모색하기도 합니다.

고품위 서비스 구현의 상위클래스 훈련

비행생활 후 1년 정도 지나면 상위클래스 훈련을 받게 됩니다. 일등석과 비즈니스석에서 근무할 수 있는 자격을 취득할 수 있으므로 많은 승무원이 교육받고자 합니다. 그러나 회사에서 요구하는 일정 자격을 갖춘 승무원에 한하여 상위클래스 훈련을 받을 수 있는 기회가 부여됩니다.

상위클래스는 승객을 응대하는 승무원과 식음료를 준비해 주는 주방장 역할의 숙련된 승무원으로 구성됩니다. 상위클래스에서 서비스하는 내용은 일반석과는 다르며 일류 호텔의 레스토랑과 유사합니다. 서비스하는 방법을 익히고 질적으로 우수한 서비스를 제공하기 위해 별도로 일정 기간 교육을 받게 됩니다. 이 과정도 물론 교육평가에 따라 재교육이 실시되며 일정 수준에 미달되면 일등석과 비즈니스석의 근무가 제한되기도 합니다.

정례 안전훈련

안전훈련은 신입 훈련의 기본 법정 훈련 이수는 물론 이후 비행근무 시에도 반드시 1년에 1회 정기적인 훈련을 받도록 되어 있습니다. 훈련의 내용은 주로 비상 탈출 시의 행동절차, 승객 통제요령, 비상장비 사용법, 응급처치법 등으로 구성되며 훈련과정은 테스트의 연속이고 그러한 테스트 과정을 거쳐 승무원으로서 안전훈련에 대한 자격을 유지하게 됩니다. 비행근무를 계속하기 위해서는 승객의 안전을 책임지는 승무원으로서 갖춰야 할 기본적인 안전훈련과정을 정기적으로 반복해야 하기 때문입니다. 비행안전에 대한 경각심을 고취시키는 중요한 훈련과정이기 때문에 안전훈련을 받을 때에는 최선을 다하는 자세가 필요합니다.

승격훈련

부사무장, 사무장, 선임 사무장, 수석 사무장 등 단계별로 진급체계에 따른 역할 분담이 보다 상세하게 구분되어 있습니다. 각 직급에 걸맞은 리더십의 발휘, 매니저로서의 역할 수행을 위해 승격훈련을 받게 됩니다.

외국어 실력도 쌓아야 합니다

현대를 살아가는 사람들에게 외국어 실력은 치열한 경쟁 속에서 살아남기 위한 무기가 되어버린 지 오래입니다. 더욱이 매일 외국인과 얼굴을 맞대고 서비스를 제공해야 하는 승무원의 입장에서 외국어 실력 향상을 위한 노력의 중요성은 아무리 강조해도 지나치지 않을 것입니다. 승객과의 원활한 커뮤니케이션이야말로 좋은 서비스를 위한 기본 요건이 되기 때문입니다.

특히 몇 년 전부터 항공사들마다 치열한 항공업계의 경쟁력을 확보하기 위해 항공사 간 공동 연맹체를 구성하고 수많은 외국 고객을 유치하기 위해 노력을 기울이고 있습니다. 이에 따라 외국어의 중요성을 인식하고 진급 요건으로 외국어 자격 수준을 높이고 평소 승무원들로 하여금 외국어 실력의 함양에 박차를 가하도록 독려하고 있습니다. 신입 승무원에게는 입사 때보다 높은 자격수준을 취득하도록 하고 일정 수준 자격을 획득하지 못하면 국제선 근무를 제한하는 경우도 있습니다.

국제화된 서비스맨으로서 세계 공용어인 영어를 어느 정도 말할 수 있어야 하는 것은 당연한 일입니다. 사실 외국어 능력 테스트로 인해 스트레스를 받는 사람들도 꽤 있는 것 같습니다만, 자신의 외국어 실력을 점차 향상시켜 나감으로써 성취감과 만족감을 느낄 수 있다는 점에서 상당히 고무적인 일이라고 생각합니다.

남들은 일부러 외국어 학원에서 회화 연습을 하지만 승무원은 근무 중에 얼마든지 외국어 회화 연습을 할 수 있는 장점이 있습니다. 그것도 본인이 원한다면 얼마든지 다양한 외국어를 배울 수도 있지요. 실제로 대다수의 승무원들은 영어뿐만 아니라 일본어, 중국어, 프랑스어, 독일어, 이탈리아어 등 실력을 인정받기 위해 열심히 공부하고 있습니다. 전 세계인을 응대하는 민간외교관으로서도 고객만족을 위한 더 나은 서비스 창출을 위해 꾸준히 외국어 실력을 쌓아나가는 것입니다.

C a r e e r   W o m a n   S t e w a r d e s s

2

함께 떠나는 파리여행

함께 떠나는 파리(Paris)여행 02

제1막 하늘로 날기 위한 준비

지금까지 전문 직업인 스튜어디스의 독특한 직장생활에 관해 말씀드렸습니다. 실제로 그들이 기내에서 어떤 일들을 하고 있는지 또 해외에서는 어떻게 시간을 보내는지에 대해 궁금한 점들이 많을 것입니다. 그럼 이제부터 신입 스튜어디스 K양과 파리 비행을 함께 떠나보겠습니다. 여러분께서는 K양과 함께 파리 비행을 다녀온 후에 스튜어디스에 대한 새로운 시각과 애정을 갖게 될 것입니다.

파리 비행은 인기 1순위

비행근무 1년차인 스튜어디스 K양은 이번 달 스케줄표에 꽤나 만족스러운 모양입니다. 무엇보다도 파리 비행이 있기 때문이지요. 파리 비행이 들어 있는 스케줄표를 보며 마음은 벌써부터 파리의 샹젤리제 거리(Avenue des Champs-Elysees)를 거니는 듯 들떠 있습니다. 힘든 비행 끝에 느끼는 보람은 뭐니 뭐니 해도 파리나 로마 같은 유럽 고도(古都)의 중심에 서 있는 자신을 발견할 때가 아닌가 싶습니다.

지금부터 K양은 파리 비행을 위해 어떤 준비를 하게 될까요?

비행 하루 전날

철저히 시간을 계산합니다

"비행기는 승무원을 기다리지 않는다."

승무원에게 있어서 시간의 엄수란 곧 생명과도 같습니다. 아무리 노련한 승무원일지라도 가끔은 비행 출발시간의 착오로 당황하게 되는 경우가 있으므로 비행 전날에는 반드시 다음 날의 비행 일정을 다시 한 번 확인해야 합니다. 예를 들면 13시 출발을 오후 3시로 착각하여 곤혹을 치르는 경우가 있지요. 그러므로 비행 전날에는 다음 날 있을 비행 출발시간을 정확하게 점검하여 기상시간, 집에서의 준비시간, 교통 혼잡 등을 감안하여 집에서 회사까지의 소요시간, 집에서의 출발시간 등을 미리 계산해 놓습니다.

K양의 파리행 스케줄을 보니 비행기는 오후 1시 30분에 출발입니다. 그렇다면 회사에 출근하여 용모와 복장 준비 및 비행 정보의 숙지, 브리핑 참석 등 비행 전 준비사항들을 고려해 볼 때 적어도 항공기 출발 3시간 전까지는 회사에 도착해야 할 것 같습니다. 출발시간은 1시 30분이고 집에서 회사까지의 소요시간과 출근 준비시간을 감안해 볼 때 오전 7시부터 잠자리에서 일어나 준비를 시작하면 될 것 같군요. 비행 전날, 승무원들은 그 쉬운 더하기 빼기(?)를 몇 번씩이나 해본답니다.

잠을 충분히 자두어야 합니다

세계를 무대로 근무하는 스튜어디스들에게는 근무 전에 매우 중요한 비행 준비가 있습니다. 바로 잠을 자두는 것입니다.

승객의 입장에서는 비행기를 타고 해외로 여행한다는 것이 가슴 설레고 약간은 흥분되는 일이겠습니다만, 승무원에게 있어서 비행근무라는 것은 단순한 여행의 차원이 아니라 자신의 사무실로 출근하는 것을 의미합니다. 사무실이 10,000m 상공의 비행기 안이라는 사실만이 다른 직장인들과 다를 뿐이지요. 더군다나 승객의 즐겁고 안전한 여행을 책임져야 한다는 사명감으로 인해 항상 긴장된 상태에서 업무를 수행해야 합니다. 긴 시간 동안 비행근무를 하게 되는 경우에는 시차 적응을 위해서라도 최소한 비행 시작 12시간 이전부터 충분한 수면과 휴식을 취하는 것이 승무원의 의무이기도 합니다. 그래서 승무원의 비행근무 준비는 실제로 비행을 위해 잠자는 시간부터 시작된다고 보는 것이 옳을 것입니다.

물론 K양의 경우처럼 오후 1시에 떠나는 비행일 경우 아침에 일어나서부터 준비를 시작하면 별다른 문제는 없겠지만, 만약 저녁 7~8시경에 출발하는 뉴욕행 비행기라면 밤을 새워 근무해야 하기 때문에 비행근무 전의 수면 조절은 매우 중요합니다. 이런 경우 저녁시간에 출발하는 비행근무를 위해서 한낮까지 잠을 자게 되는데 처음에는 늦잠을 잔다고 눈총을 주던 가족들도 차츰 비행근무의 특성을 이해하고 비행 전에 갖는 휴식시간을 방해하지 않기 위해 말도 조용조용, 행동도 조심조심히 하는 등 세심한 배려를 아끼지 않습니다.

모든 승무원은 건강상태를 최상으로 유지하기 위해 비행근무 전날에는 가급적 힘든 운동이나 수면에 방해되는 일들을 하지 않습니다. 승무원이 지켜야 할 규정 중에는 비행 출발 24시간 전에 스쿠버 다이빙을 해서는 안되며, 출발 12시간 이내에 알코올 성분이 함유된 음료를 마셔서도 안되고, 비행 전의 수혈행위도 금한다는 사항이 있습니다.

최상의 컨디션에서 최고의 서비스가 나올 수 있다는 사실을 생각할 때 잠을 자두는 것은 매우 중요한 비행준비 중 하나입니다. K양도 어제 저녁 대학 동창들과의 모처럼의 모임을 일찍 끝내고 귀가했습니다.

스케줄에 따라 짐을 꾸립니다

장거리 여행을 자주 할 기회가 없는 사람들은 여행에 앞서 며칠 전부터 짐 꾸리기에 많은 신경을 쓰지만 스튜어디스에게 짐 꾸리기는 보통 비행준비의 시작입니다.

스튜어디스는 회사로부터 유니폼 이외에도 비행근무를 위한 3~4종류의 가방을 지급받는데 비행기간이나 휴대할 물품에 따라 적당한 크기의 가방을 선택해서 짐을 꾸리게 됩니다.

스튜어디스가 항상 지니고 다니는 소형 플라이트 백(Flight Bag)을 지급받는데 이는 유니폼을 입었을 때만 휴대가 가능합니다.

그리고 해외에서 체류할 때 사용할 개인 물품을 넣기 위한 것으로 일반인들이 사용하는 여행용 가방과 비슷한 가방들을 지급받게 됩니다. 그러나 대부분의 승무원들은 노련한 여행 전문가답게 짐을 최소화하여 작은 크기의 여행용 가방을 사용하는 경우가 많습니다. 추운 겨울에는 코트나 스웨터같이 부피 있는 옷이 많으므로 아무래도 큰 가방을 사용하는 것이 편리하겠지요.

행거(Hanger)는 주로 구겨지기 쉬운 옷을 보관할 때나 1박 2일간의 일정으로 일본이나 국내 지방도시에 머무를 때 사용합니다. 가벼운 소지품을 넣어 가지고 다니기에 적합하여 많은 승무원들이 애용하는 가방입니다.

주의할 것은 반드시 지급받은 가방만을 이용해서 짐을 챙겨야 한다는 점입니다. 수천 명이 넘는 스튜어디스들이 유니폼을 입고 서로 제각각의 가방을 들고 다니는 모습을 상상해 보십시오. 그 이유를 쉽게 알 수 있을 것입니다.

K양은 비교적 작은 크기의 가방을 집어 들고 짐 꾸릴 준비를 합니다.

승무원은 짐 꾸리기 선수입니다

K양이 오늘따라 유난히 인터넷을 오랫동안 검색하고 있습니다. 짐 꾸리기 전에 비행을 떠나 머물게 될 곳의 날씨를 알아야 하기 때문이지요. 그래야만 그곳 기후에 적합한 옷가지를 준비할 수 있을 테니까요.

꼼꼼한 승무원이라면 며칠 전부터 인터넷을 통해 미리 목적지의 날씨를 알아보기도 하고 최근 비행을 다녀온 동료 승무원에게 묻기도 합니다. 물론 회사의 네트워크 전산망을 통해 취항지에 대한 날씨뿐만 아니라 환율이나 교통상황, 유명한 관광지 등 다양한 정보를 얻을 수도 있습니다. 역시 세계인이 될 수밖에 없는 직업임에는 틀림이 없습니다.

그러나 유럽의 경우는 이러한 정보가 무색할 만큼 날씨의 변화가 많습니다. 어제

돌아온 동료의 말만 듣고 가볍게 옷가지를 준비했다가 외출도 못할 정도의 쌀쌀한 날씨를 겪게 될 수도 있습니다. 맑은 날씨였다가 갑자기 비가 오는 경우도 많습니다. 이런 이유로 경험 많은 선배들은 유럽 비행 시에는 가방에 작은 우산, 그리고 여름철 일지라도 가벼운 카디건(Cardigan) 하나 정도는 늘 잊지 않고 챙겨 가곤 합니다.

어제는 앵커리지(Anchorage)에서 입을 스웨터, 오늘은 방콕(Bangkok)에서 입을 반팔 티셔츠! 실로 사계절의 옷들이 수시로 드나드는 곳이 스튜어디스의 가방 속입니다. 해외에서 입는 사복은 승무원의 품위를 손상시키지 않는 범위 내에서 스스로의 개성을 살려 생기발랄하게 입거나 또는 세련된 모습을 강조하여 입는 것이 좋습니다. 중요한 것은 상황에 어울리는 차림을 하는 것입니다. 파리의 샹젤리제 거리를 씩씩하게 활보하고 다니는 멋쟁이 파리지엔느(Parisienne)에게 뒤지지 않기 위해서라면 근사한 옷 한 벌 정도는 준비해야 합니다. 이렇듯 승무원들은 사계절과 지역에 따라 옷, 화장품, 세면도구, 헤어드라이어, 속옷, 신발, 카메라, 선글라스, 여가시간에 읽을 책 등을 가방 구석구석에 익숙한 솜씨로 채워 넣습니다.

오늘 유난히 K양이 옷가지에 신경을 쓰는 걸 보면 파리 비행은 역시 다른가 봅니다.

가방 안의 풍경

• 앞치마와 기내화

기내에서 식사 서비스 시 필요합니다. 특히 장거리 비행일 경우에는 2개를 준비합니다. 비행 중 기류의 변화로 자칫 음식물이 쏟아져 더러워질 수 있으니까요.

• 직원 신분증(I.D Card)과 여권

회사에 출입할 때와 출국 시 가장 중요한 필수 소지품입니다.

• 객실승무원 업무 규정집

업무 규정집에는 승객의 안전과 편안한 항공여행을 위해 객실승무원이 수행해야 할 업무 및 직책과 직무에 수반되는 책임과 의무에 관한 규정이 나와 있습니다.

• **비행일지(Flight Diary)**

비행에 관한 방대한 정보를 일기장과 같은 자신만의 노트에 기록해 놓는다면 당신도 이미 프로 승무원입니다.

• **메모지**

승객의 주문사항을 늘 메모하여 기억하기 위한 작은 메모지입니다. 아무리 머리가 좋은 승무원일지라도 몇 백 명에 달하는 승객의 요구를 모두 기억할 수는 없겠지요.

• **국제선 및 국내선 여객시간표(Timetable)**

승무원으로서 승객에게 항공기의 운항시간표를 정확히 알려드리는 것은 기본입니다.

• **출입국 및 업무 수행에 필요한 서류**

남의 나라에 들어갈 때 함부로 그냥 들어갈 수는 없습니다. 나라마다 입국할 때 요구하는 서류가 다르므로 출발 전에 미리 확인해서 필요한 서류를 미리 준비합니다.

• **화장용품, 향수**

여성의 경우 빠뜨릴 수 없는 준비사항이겠죠?

• **약통**

비행근무 중 경미한 병세를 보이는 승객들을 위해 회사에서 지급해 주는 비상약을 준비하여 다닙니다.

이 밖에도 외국어 사전 등 개인이 필요한 소지품이나 해외에서 체류할 때 입을 간단한 사복과 신발, 책 등 다양한 물품들이 승무원 가방을 가득 채워주고 있습니다. 가벼운 발걸음으로 다니는 것처럼 보이는 스튜어디스의 조그만 가방에 이렇게 많은 내용물이 들어 있음에 놀라셨을 것입니다.

비행하는 날

집에서 나올 때부터 화장과 유니폼 차림에 신경을 씁니다

승무원은 비행할 때뿐만 아니라 출퇴근할 때에도 비행근무에 적합한 용모를 유지해야 합니다. 그래서 짐 꾸리기가 끝나면 화장과 머리 손질을 합니다.

특히 승무원의 상징인 유니폼을 입고 출근할 때는 많은 사람들의 시선을 받게 되므로 많은 주의를 기울여야 합니다. 걸음걸이 등 사소한 행동 하나하나가 모두 눈에 띄기 때문에 유니폼을 입고 출퇴근을 할 때는 공인으로서 긴장감을 갖고 행동해야 합니다.

용모와 복장에 대한 규정은 출퇴근할 때뿐만 아니라 해외 체류 시에도 적용되는데, 승무원들의 생활을 구속하려는 규정이라기보다 직장인으로서 승무원의 품위를 유지하기 위한 것이라고 할 수 있습니다.

집에서 나오기 바로 전!!!

K양! 가방과 행거 그리고 플라이트 백(Flight Bag)을 챙기고 집을 나서기 전 무언가를 열심히 찾는가 싶더니만 바로 I.D카드와 여권이 플라이트 백 안에 잘 들어 있는지를 다시 한번 확인합니다. 1차 근무지인 회사 사무실을 거치고 공항이란 특수 지역을 통과하여 최종 근무지인 비행기까지 들어가기 위해 필요한 신분증을 준비하지 않으면 안됩니다. 만약 신분증을 챙겨가지 못했을 경우 회사로 출근했다가 다시 집으로 돌아와서 신분증을 챙겨야 하고 그럴 경우 비행 지각이나 결근으로 이어지기 때문입니다. K양! 플라이트 백 안을 보고 나서 안심한 듯 파리를 향해

활기차게 첫 발을 내딛습니다.

다양한 교통편을 이용해 출퇴근합니다

파리 비행에 임하는 K양이 시계를 보니 오전 9시입니다. 어제 미리 계획해 둔 시간과 거의 차이가 없으므로 준비는 제대로 된 셈입니다. 오늘은 출근시간이 교통 혼잡 시간대가 아니기 때문에 회사까지 50분 정도면 충분하다고 생각합니다. 하지만 시간을 생명처럼 여겨야 하는 승무원들은 예상치 못한 교통상황에도 대비해야 하므로 출근시간을 항상 넉넉하게 잡는 것이 보통입니다. 만약 교통체증이 심한 아침 출근시간과 자신의 출근시간이 겹쳐지면 예상보다 1시간 이상 일찍 출발하는 경우도 있습니다. 회사에 늦는 것보다는 일찍 도착해서 기다리는 편이 정신건강에 훨씬 나을 테니까요.

그러나 한 달 스케줄 중에서 출근시간이 아침인 경우는 그다지 많지 않습니다. 그래서 승무원들은 일반 직장인들처럼 매일 아침마다 만원버스나 전철에 시달리며 출근할 필요가 없습니다. 이것도 승무원이라는 직업이 갖는 커다란 매력 중 하나라고 할 수 있을 것입니다.

많은 짐들을 갖고 K양이 막상 집을 나서서 버스를 타려니 여간 힘든 것이 아닙니다. 스튜어디스는 아침 일찍 퇴근하거나 오후 늦게 출근하는 경우가 있으므로 자가 운전을 하거나 공항 리무진, 택시 등을 주로 이용합니다. 어느새 회사에 도착하여 K양은 힘들게 짐을 내리고 리무진 기사님께 고맙다는 인사말을 전한 뒤 시계를 다시 한 번 봅니다. 승무원들은 시간에 너무 민감해서 항상 시계를 쳐다보는 버릇이 있지요. 이제 10시 10분 전이므로 서두르지 않고 차분하게 회사에서 비행 준비를 시작하면 되겠습니다.

비행 직전 준비사항

유니폼과 구두는 반짝반짝 빛나게!

유니폼은 항상 깨끗하고 단정하게 다림질해 두어야만 합니다. 이름표도 제 위치에 달아놓고 구두도 정갈하게 광이 나도록 닦아놓습니다.

회사에 도착하면 대부분의 승무원들은 승무원 대기실 내에 있는 미용실로 갑니다. 회사에 무슨 미용실이 있을까 의아해 하겠지만 보통 미용실과는 다릅니다. 집에서 단정하게 준비했지만 출근하는 동안에 혹시나 흐트러진 자신의 화장이나 머리 손질 상태를 마지막으로 한 번 더 스스로 점검할 수 있도록 빗과 드라이어 등이 준비되어 있는 장소입니다. 그리고 짧은 단발머리일 경우에는 드라이를, 묶는 머리일 경우에는 단정하게 그물망으로 묶어주는 등 간단한 뒷마무리에 한해 미용사들의 도움을 받을 수도 있습니다.

대기실 안에는 앞치마나 블라우스 등을 다릴 수 있는 다리미와 다리미판도 비치되어 있습니다. 집에서 깨끗하게 세탁한 후 다림질까지 해온 블라우스나 앞치마일지라도 출근하는 도중 구겨질 수 있으니 다시 한 번 깨끗하게 다림질을 해서 준비해야겠지요. 점검, 그리고 또 점검하는 것이야말로 날기 위한 준비의 철칙입니다.

메이크업에도 정성을 들입니다

10,000m 상공 위에서 스튜어디스의 모습은 화사하면서도 단정해야 합니다. 승객을 직접 대하는 서비스맨으로서, 스튜어디스는 규정상 화장을 하지 않은 얼굴은 물론 옅은 화장도 허용되지 않습니다. 비행 전 성의 있게 메이크업을 하는 것도 의무인 것입니다.

이 같은 승무원의 용모와 복장 관리는 불특정 다수의 다양한 고객에게 밝은 인상과 호감뿐만 아니라 단정함과 청결함을 전달하기 위한 기본 매너라고 할 수 있습니다. 그러므로 너무 유행에 치우친다거나 지나치게 화려하고 진한 화장은 피하도록 합니다. 자연스럽고 깨끗한 느낌이 전해질 수 있고, 고상하고 품위 있으며 따뜻함을 느끼게 하는 얼굴을 연출하기 위해 하는 화장이니까요. 그래서 스튜어디스들은 신입 훈련 때 직업의 특성에 맞는 별도의 메이크업 교육을 받게 됩니다.

까다로운 머리 스타일 규정

승무원은 화장뿐만 아니라 머리 모양, 장신구에 이르기까지 각 항공사의 규정에 따르게 되어 있습니다. 승무원의 머리에 대한 규정은 무엇보다도 유니폼에 가장 잘 어울린다고 생각되는 머리 모양으로 정해집니다. 무엇보다 기내에서 근무하는데 지장이 없는 단정한 머리 스타일을 말합니다. 항공사마다 한 종류의 머리 형태를 고집하는 경우도 있고, 짧은 머리형, 단발머리형, 긴 머리형의 세 가지 스타일 중에서 각자 자신에게 가장 잘 어울린다고 생각되는 스타일을 선택하게 하는 경우도 있습니다.

긴 머리형은 반드시 묶거나 땋는 모양 또는 그물망을 이용해서 고정시켜야 합니다. 언밸런스 스타일을 한다거나 앞머리가 눈을 가리는 경우 또는 어깨선보다 긴 머리, 목 뒷부분에 잔머리가 나오는 경우, 지나친 헤어 스프레이나 젤·무스의 사용, 가발 사용, 염색, 장식이 있는 핀이나 리본의 사용 등은 모두 금지되어 있습니다.

입사한 지 얼마 안되는 신입 승무원들은 이러한 규정에 익숙하지 않아서 용모, 복장 점검 시에 많은 지적을 받기도 합니다. 그 때문에 스트레스를 받는 경우도 많습니다. 하지만 유니폼에 가장 잘 어울리는 단정함과 아름다움을 위한 것이라고 생각한다면 그리 까다롭게 느껴지지만은 않을 것입니다.

공지사항과 비행정보를 확인합니다

미용실에서 용모 복장을 가다듬고 나서 대기실 내에 있는 컴퓨터를 통해 공지사항을 확인합니다. 공지사항에는 최근 업무지시사항, 서비스 정보, 도착지 정보 및 기타 특이사항 등이 있으므로 반드시 알고 있어야 합니다. 그리고 승무원 대기실 내에 있는 게시판을 활용하여 비행에 필요한 정보를 추가로 얻을 수 있습니다.

비행에 관련된 모든 정보는 앞서 말한 비행 노트에 기록하여 숙지해야 합니다.

K양의 경우 평소 집에서도 자주 인터넷을 통해 업무지시를 공부해서인지 회사에서는 재빠르게 중요한 공지사항만을 체크해 봅니다.

업무배정표를 확인합니다

비행근무 시 업무배정은 인터넷을 통해 빠르게는 하루 전날 공지됩니다.

그 내용은 비행기종 및 승객현황, 담당 근무구역, 승무원의 착석 위치(Jump Seat) 등에 관한 것입니다. 승무원들은 특히 자신에게 주어질 업무배정에 큰 관심을 보이게 됩니다.

비행 팀장은 효율적인 기내 서비스 수행을 위해 승무원들의 자격과 능력을 감안하여 해당 업무를 할당하게 됩니다. 그러므로 승무원들은 책임감을 갖고 할당된 업무를 성실히 수행해야 하며 임의로 자신의 업무를 다른 승무원에게 맡기거나 상호 변경할 수 없습니다. 이착륙 시 승무원의 착석 위치는 각자 담당 구역 주변에 있는 항공기의 비상구에 위치하게 됩니다.

여러분께서 비행기에 탑승하자마자 항공기 출입구에서 마음에 드는 여승무원을 발견했다 할지라도 목적지에 도착해 하기할 때까지 그 승무원을 한 번도 보지 못하는 경우가 있습니다. 승무원들은 할당된 업무에 따라 자신의 근무구역 승객들에게만 주로 서비스를 제공하기 때문입니다. 굳이 특정 승무원에게 서비스를 받고 싶으시다면 그 여승무원이 근무하는 구역으로 자리를 옮겨야만 하겠지요.

비행근무를 나가기 전에 함께 일하게 될 모든 승무원들이 한자리에 모여 브리핑을 실시하게 되는데, 이는 비행근무에 앞서 비행에 관한 정보 및 서비스 관련 사항 등을 다시 한 번 논의하기 위한 것입니다. 브리핑은 비행기 출발 약 2시간 전에 시작되므로 브리핑 참석 이전에 반드시 업무배정표의 내용을 숙지하여 브리핑 진행에 차질이 없도록 해야 합니다.

업무배정에 따라 임무를 숙지합니다

오늘처럼 보잉777 기종으로 비행을 할 경우 팀장은 효율적인 기내 서비스 업무 수행을 위해 탑승 승무원들의 자격과 직책, 비행 경력 등을 감안하여 업무를 배정하게 됩니다. 총 14~16명 정도의 승무원이 근무하게 되는데, 일등석에서 근무할 수 있는 자격조건을 갖춘 숙련된 승무원과 비즈니스석 서비스 교육을 이수한 승무원들을 각각 배정하고 일반석의 승무원들도 최고의 업무효율을 기할 수 있도록 담당 구역별로 업무를 배정합니다.

각자 배정받은 대로 팀원들과 함께 비행근무를 하다 보면 때때로 비행이라는 것이 공동작품 발표회 같다는 생각이 듭니다. 이를테면 총감독인 팀장을 중심으로 승무원 각자가 자신의 담당 구역에서 훌륭히 역할을 소화해 냄으로써 작품에 대해 좋은 평가를 받는 것처럼 말이죠. 한마디로 업무배정표는 아름다운 하모니를 연출해 내기 위한 악보의 역할을 하는 것이라고 생각할 수 있습니다.

각자 업무 할당을 받고 나면 승무원들은 그 업무명(Duty Code)에 따라 각자 수행해야 할 임무를 파악하게 됩니다. 각 승무원들이 받는 업무명은 서비스 담당 구역을 나타낼 뿐만 아니라 업무의 할당과 그에 따른 책임까지를 포함하는 것입니다.

업무 코드명(Duty Code)의 해독법을 아십니까?

K양이 업무배정표를 보니 오늘 담당하게 될 구역 및 항공기 내에서의 착석 위치를 나타내는 코드명(Duty Code)은 각각 DR과 R3입니다. 과연 K양은 어디서 근무하게 되는 것일까요?

• DR

보통의 보잉777-300은 비행기 문을 중심으로 하여 다섯 개의 구역으로 나뉩니다. 그러니까 DR의 'D'는 비행기 앞에서부터 나누어진 A, B, C, D, E라는 구역 중에 네 번째 구역인 D지역(D Zone)을 말합니다.

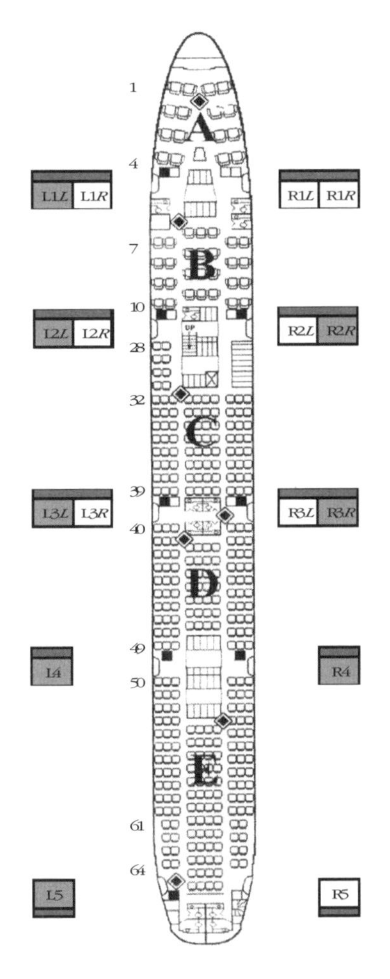

• R3

비행기에는 입석이 없다는 사실을 모두 알고 있을 것입니다. 승무원들에게도 각자 좌석이 있는데 승객의 안전을 책임지는 승무원의 착석 위치는 바로 항공기의 비상구 옆입니다. 비행기를 타본 경험이 있는 분은 잘 알겠지만 비행기의 비상구 바로 옆에는 1명 혹은 2명이 앉을 수 있는 접이식 의자가 있습니다. 비행기 이착륙 시에 승무원이 이 의자를 펼쳐 앉는 모습을 본 적이 있으시지요? 보통 이것을 점프 시트(Jump Seat)라고 부르는데, 오늘 K양의 자리는 점프 시트 중에서 R3입니다. 'R'은 그 구역 내에서도 비행기의 통로를 중심으로 오른쪽(Right) 통로 측에 앉아 있는 승객의 서비스를 담당한다는 뜻이지요. 즉 비행기 오른쪽 비상구를 기준으로 세 번째 있는 점프 시트에 앉으면 된다는 의미입니다. 점프 시트의 위치는 임의로 정해지는 것이 아니라 만약의 비상사태가 발생했을 경우 담당 구역의 승객을 신속하고 안전하게 점프 시트 옆에 있는 문으로 탈출시킬 수 있도록 고려한 것입니다.

평상시 모든 비행에서도 여승무원 선배로부터 수시 점검을 받게 되는데 지적사항이 누적되면 근무 평가 기록에 벌점으로 처리되어 불이익을 받을 수 있습니다.

반곱슬머리 때문에 정돈을 열심히 하며 계속 신경을 쓰던 K양은 다행스럽게도 무사히 통과했습니다.

브리핑이 시작되기 전까지 담당 구역별로 미리 당일 비행을 위해 각자 사전에 준비해 온 내용들을 서로 공유하기도 합니다.

브리핑 준비

K양이 대기실에서 비행에 필요한 각종 정보를 검색하고 있노라니 어느덧 브리핑 시작 20분 전쯤 되어 지정된 브리핑실로 들어가 함께 근무하게 될 승무원들과 인사를 나눕니다. 또한 신입승무원들은 이때 선배 승무원들에게 어피어런스 체크(Appearance Check)를 받게 되는데 간혹 지적을 받게 되면 즉시 지적받은 내용을 수정해야 비행에 임할 수 있습니다.

해외에 나가려면 달러가 필요하겠지요?

비행을 가기 전 중요한 일이 또 한 가지 있습니다. 바로 퍼듐(Perdium)을 준비하는 것인데 퍼듐이란 승무원들이 해외에서 체류하는 동안 식사비나 교통비 등의 명목으로 회사로부터 지급받는 돈을 말합니다.

예전에는 매 비행 시마다 달러로 직접 지급받곤 했었는데, 요즘은 개개인의 외환통장에 입금되고 있습니다. 각 나라의 물가상황이나 환율 등에 따라 각각 다른 액수가 지급되므로 정확히 그 액수를 말씀드릴 수는 없지만, 주로 해외에 체류할 때 필요한 적정 금액이 지급됩니다. 그러니 해외로 비행을 나가기 전 잊지 말고 준비해야겠지요?

객실 브리핑(Cabin Briefing) 참석

브리핑에는 팀장을 비롯해 객실승무원만 참석하는 객실 브리핑과 운항승무원까지 함께 참석하는 합동 브리핑이 있습니다.

먼저 팀장의 주관하에 객실 브리핑이 실시되는데 비행기 출발 약 2시간 전에 시작됩니다. 그 내용은 다음과 같습니다.

승무원 소개

자신의 직급, 이름, 담당 구역 등을 다른 승무원에게 알리며 상호 간에 인사를 나눕니다.

비행 정보

비행 일정(해외 체류시간, 목적지와의 시차 등), 항공기 및 승객 현황(항공기 타입, 승객 예약상황, 특이 승객에 대한 정보 등)에 대한 정보를 확인합니다.

비행 안전 및 보안 업무지식

항공기 내 비상장비 및 비상시 승무원 행동절차, 기내 안전 및 보안에 관한 내용을 다시 한 번 숙지합니다.

서비스 관련 사항

서비스 순서 및 식사 내용, 영화 등에 대한 정보를 교환합니다.

노선별 특성

노선에 따른 승객의 특성 및 기호, 목적지 공항에 대한 정보도 숙지합니다.

최근 업무 지시의 숙지도 및 이행도

서비스, 업무 규정, 방송문 등 신규 및 변경 매뉴얼의 숙지 여부를 확인하고 그 밖에 용모, 복장상태 및 필수 휴대품의 소지 여부 등 비행 준비상태를 다시 한 번 점검합니다.

고객응대 태도 및 자세 관련 사항

승객 응대 시 가장 중요한 서비스 태도에 관한 사항들을 다시 한 번 숙지합니다.

요통 방지 체조

기내 업무로 인한 요통 방지를 위해 브리핑 때마다 스트레칭 체조를 실시합니다.

외국인 스튜어디스와 함께하는 비행

비행기에는 노선별로 외국인 스튜어디스가 같이 탑승하여 근무하는 경우가 있습니다. 일본인, 중국인, 태국인, 말레이시아인, 인도네시아인, 러시아인에 이르기까지 각 노선별로 탑승률이 높은 외국 승객에 대한 세심한 서비스를 위해 탑승 근무하는 현지 승무원을 말합니다. 이들은 서울에서부터 혹은 해외에서 교대로 동승하게 되는데 비행근무 중에 이들과의 재미있는 에피소드도 많습니다.

낯선 한국말을 익히느라 단어를 소리 나는 대로 늘 메모하고 외우려는 그들의 모습을 보면 자못 존경심까지 생기게 됩니다. 비행근무를 하면서 서로 친해져 비행시간 외에 만나 즐거운 시간을 보내기도 합니다. 한 번은 서울에서, 또 한 번은 해외에서 서로 좋은 관광 가이드가 되어주면서 말이죠.

현지 여승무원의 탑승률도 점점 높아지고 승무원의 국제화 감각을 더욱 높이기 위해 브리핑은 주로 영어와 한국어를 병용하여 질의응답 식으로 진행됩니다. 그래서 사전에 비행에 관한 전체적인 정보를 숙지하고 있지 않으면 브리핑 시에 매우 난감해지는 경우가 많습니다. 특히 비행 경험이 적은 신입 승무원들에게 이러한 브리핑 시간은 매우 긴장되는 순간이기도 합니다. 브리핑 중에 사무장님의 갑작스런 질문에 대한 대답은 주로 새내기들의 몫이기도 하니까요. 승무원들은 늘 업무

지식과 어학 실력을 높이기 위한 노력을 게을리하면 안되겠습니다.

긴장된 마음으로 객실 브리핑을 마친 K양은 비행 전부터 각오가 남다릅니다.

⁑ 운항승무원과의 합동 브리핑도 이어집니다

기장으로부터 간단한 운항승무원들의 소개 및 비행시간, 운항 항로, 운항 고도, 안전운항 규정 등과 같은 항공기 운항과 관련된 정보를 제공받습니다.

K양이 11시간이 넘는 파리까지의 비행시간을 따져보니 한국 시간으로 내일 새벽에나 도착할 수 있을 것 같습니다. 긴 비행시간이기는 하지만 다행히 밤을 꼬박 새우는 비행이 아니라 마음이 한결 가볍습니다.

비행을 위한 출국 수속

객실 브리핑을 마치면 자신의 모든 짐을 갖고 승무원 전용 버스(Pick-up Bus)에 탑승하여 국제선 청사로 이동하게 됩니다. 버스 안의 고참 승무원들은 파리에서의 여행에 대한 얘기로 표정이 밝지만, 신참 스튜어디스 K양은 장거리 비행에 대한 긴장감으로 얼굴이 좀 굳어 있습니다.

⁑ 승무원의 수하물(Baggage)은 VIP 대우를 받습니다

공항 청사에 도착해, 승무원들은 항공사의 체크인 카운터로 향합니다. 이곳에서 자신의 가방을 수하물로 탁송하게 되는데 이때 자신의 짐에는 반드시 승무원용 짐표를 붙이게 되어 있습니다. 이 짐표를 붙인 짐은 컨베이어 벨트(Conveyor Belt)를 통해서 다른 승객들의 짐보다 먼저 나오게 됩니다. 공항에서 승무원이 우대받는 경우 중의 하나라고 할 수 있습니다.

K양도 짐표를 챙기고 재빨리 발걸음을 옮깁니다.

드디어 파리를 향해 출발!

공항 청사 3층에 있는 출국장을 이용하여 승무원 출국절차에 따라 C.I.Q.(세관, 출입국 관리, 검역)를 통과해 항공기에 탑승하게 됩니다. 승무원의 출국절차는 일반 승객보다 절차가 간편합니다.

직원 신분증을 가슴에 패용하고 출국장으로 들어섭니다. 이때 캠코더 등의 고가품을 갖고 있는 경우에는 입국 시 면세 혜택을 받기 위해 '휴대품 반입 허용 신고서'를 작성하여 신고해야 합니다.

보안 검사대를 통과하고 난 후, 승무원 전용 출입국관리 신고대에서 여권을 제시하고 미리 제출한 서류에 기재되어 있는 승무원의 이름이 당사자임을 확인받기만 하면 모든 출국절차는 끝납니다. 출국절차를 마치고 전자 안내판에 나와 있는 자신의 비행 편과 탑승 게이트(Gate)를 확인한 후 비행기에 탑승하면 드디어 3박 4일간의 파리 비행근무가 본격적으로 시작됩니다. 이때는 보통 항공기 출발 1시간 전입니다.

항공기 탑승 후 승객 탑승 전까지

승무원은 짐 정리도 신속하고 깔끔하게 합니다

업무배정표에서 확인했던 K양의 근무 위치를 기억하십니까? K양은 자신의 근무구역인 R3로 가서 자신의 짐을 정리합니다.

우선 항공기에 탑승하자마자 자신의 짐을 들고 각자의 근무구역으로 가서 일하기 편하도록 굽이 낮은 활동적인 기내화로 갈아 신습니다. 10,000m 상공에서 멋진 뾰족구두(램프화)로 몇 시간씩 서서 일한다면 무척 힘들겠지요?

그리고 난 후 가방(Flight Bag)을 지정된 장소에 안전하게 보관합니다. 이때 짐을 승객 좌석이나 항공기의 비상구 옆 등에 방치해서 승객의 편의나 비상 탈출 시에 방해가 되지 않도록 주의해야 합니다.

손님을 맞이하기 위한 준비

운항 브리핑을 마친 후부터는 손님 맞을 준비로 정신없이 바쁜 시간입니다.

승객보다 먼저 승무원들이 비행기에 탑승하면 무엇을 하고 있을 것이라고 생각하십니까? 승객에게 멋진 모습을 보이기 위해 거울도 다시 한 번 보고 그래도 시간이 남으면 커피라도 한잔 마시고 있을 것이라고 생각하진 않으십니까? 집들이나 생일잔치에 손님을 초대했다면 제일 바쁜 사람이 누구일까 한 번 생각해 보십시오. 집주인은 손님을 맞이하는 당일은 물론이고 그 전날부터 매우 바쁠 것입니다. 시장 보기, 음식 장만, 청소 등등 얼마나 할 일이 많겠습니까?

승무원도 마찬가지입니다. 객실 내부의 정리는 제대로 되었는지 또 위험한 물건은 없는지 그 외에도 음료수 준비며 음식이 제대로 준비되었는지도 미리 파악해야 합니다. 물론 승무원뿐만 아니라 비행기에 기내식을 싣는 일, 승객의 짐을 화물칸에 싣는 일, 비행기를 정비·점검하는 일 등 지상 지원 업무도 이 시점에서 이루어지게 됩니다. 모든 직원들이 가장 바쁜 시간이 바로 이 지상에서의 준비시간입니다. 집에서의 손님맞이와 다른 점이 있다면 아주 짧은 시간 안에 빠짐없이 모든 준비와 점검을 마쳐야 한다는 것이지요.

승객 탑승 전에 비상 보안장비를 모두 점검합니다

짐 정리가 끝나면 가장 먼저 자신의 좌석(Jump Seat) 주변에 있는 비상장비의 위치 및 상태를 점검해서 이상 유무를 팀장에게 보고해야 합니다. 무엇보다도 승무원의 임무 중 가장 중요한 것은 승객의 안전입니다. 아무리 멋지고 훌륭한 서비스를 했다고 해도 안전에 소홀했다면 그것은 아주 최악의 서비스일 수밖에 없습니다. 따라서 승무원은 자신이 담당하고 있는 구역의 소화기나 산소통 같은 비상장비 및 보안장비를 점검하는 것은 물론, 승객 좌석 및 주변을 둘러보고 이상한 점은 없는지를 반드시 확인해야 합니다.

- **비상장비의 위치 및 상태 점검**

소화기, 메가폰, 산소통, 손전등, 기내 인터폰의 기능, 방송장비 상태, 화재 연기 탐지기, 의료상자 등을 신속하고 정확하게 체크합니다. 만일의 비상사태가 일어날 경우에 대비해서 차질이 없도록 말입니다.

- **보안장비 위치 및 상태 점검**

비상 벨, 방폭 담요, 방탄 재킷, 포승줄, 무기 대장 기록 후에 기내에 폭발물, 흉기 등 이상 물질이 있는지 비행기 구석구석을 빈틈없이 살펴봅니다.

외국인 기장이 주관하는 합동브리핑

잡지도 가지런히 준비

↳ 지상 점검은 신속하고 정확하게 ↵

- **승객 좌석 및 주변 점검**

승객 좌석의 오디오 및 비디오 작동상태, 구명복(Life Vest) 및 승객 좌석 주머니의 내용물 확인, 승객 좌석 주변의 청결상태 등도 꼼꼼히 체크합니다.

• 객실 청결상태 점검

커튼이나 복도 등의 청결상태를 살펴보고, 공기청정용 스프레이를 살포하여 승객 탑승 시 쾌적한 느낌이 나도록 합니다.

• 갤리 장비 점검

청결상태 및 오븐, 커피 메이커, 워터 보일러 등의 작동상태 등도 철저하게 체크합니다.

• 서비스용 기물 및 기내식, 객실용품 점검

사전에 점검하는 것들 중에서 서비스용 기물 및 기내식, 객실용품 등의 점검은 주방 내에서의 업무를 전적으로 담당하는 승무원의 책임으로서, 승객 수에 맞춰 서비스할 음식과 음료가 충분히 탑재되었는지 수량을 파악해야 합니다. 그 밖에 비행 중 필요한 서비스물품의 탑재 여부도 확인해야 합니다. 하늘을 순항하고 있다가 미처 준비하지 못한 물품을 배달시킬 수도 없으니까요. 서비스용품을 주방에서 준비하는 업무는 다년간의 비행경력을 갖추고, 전체적인 서비스가 원활하게 이루어질 수 있도록 주도할 수 있는 승무원에게 주어지는 경우가 많습니다.

• 기내 판매품 탑재 점검

지상 직원으로부터 기내 판매품의 종류 및 수량을 정확하게 인수받아 물품과 기타 용품들을 확인합니다.

승객이 가장 필요로 하는 것부터 준비합니다

모든 점검이 끝나면 비행기가 이륙하기 전까지 승객에게 제공할 서비스물품들을 준비합니다.

승객이 탑승할 시간이 다가올수록 승무원의 손놀림은 더욱 빨라집니다.

먼저 승객이 탑승하자마자 읽을 수 있도록 신문이나 잡지를 탑승구 주변이나 주방 선반 위에 가지런히 준비하여 놓아둡니다.

그리고 화장실용품(칫솔, 휴지, 티슈, 스킨과 로션 등)을 10개 정도 되는 화장실에 미리 비치해 놓습니다. 그리고 여성 전용 화장실에는 클렌징 티슈나 스킨로션 등도 준비합니다. 어느 집이든 화장실이 청결의 척도가 되겠지요? 비행기도 마찬가지입니다.

화장실 정돈, 신문, 잡지의 정돈 등으로 무척이나 바빠 보이는 K양, 슬슬 이마에 땀방울이 맺히기 시작하는군요.

사전준비를 철저히 합니다

탑승객 수와 서비스 횟수를 감안하여 주방 담당 승무원은 필요한 수량만큼의 화이트 와인, 맥주, 각종 음료수를 얼음이나 냉장고를 이용하여 미리 시원하게 준비해 놓습니다. 그래야만 이륙하자마자 제공되는 기내 식사 때 시원한 음료를 드릴 수 있을 테니까요.

사무장부터 신입 승무원까지 모든 승무원들은 자신이 맡은 역할에 따라 정신없이 비행을 위한 사전준비를 하게 됩니다. 그러다 보면 이마에 맺힌 땀을 미처 닦을 틈도 없이 출발 예정 시간 30분 전이 되고, 승객의 탑승을 알리는 방송이 나올 때도 있습니다. 승객에게 승무원의 첫인상은 매우 중요합니다. 다시 한 번 용모와 복장 그리고 스마일 점검!

손님맞이

어서 오십시오　　　　우아하고 품격 있는 일등석의 지상서비스

안녕하십니까? 어서 오십시오

승객이 탑승하기 시작하면 승무원들은 각자의 담당 구역에 서서 환한 미소로 손님을 맞이합니다. 그리고 승객들의 탑승권을 확인하여 승객이 좌석을 찾아 앉도록 도와드리며 짐을 보관할 장소로 안내합니다. 때로 승객들 중에는 긴 여행의 부담감 때문인지 표정이나 행동이 약간씩 굳어 있는 경우가 많습니다. 이때 승무원은 밝은 미소를 보이며 다정하게 말을 걸어 승객의 경직된 마음을 어느 정도 풀어줍니다. 탑승시간은 승객과의 첫 만남이며 환영과 감사의 마음을 전달할 수 있는 중요한 순간입니다. 부모님의 손을 잡고 기내에 오른 어린이들과 첫인사를 하는 때도 바로 지금입니다.

K양은 자신의 근무구역에 탑승한 한 어린이의 이름을 물어보고 이미 눈인사를 끝냈습니다.

항공기 비상구에는 미끄럼대가 숨겨져 있습니다

승객의 탑승이 완료되면 팀장은 지상 직원으로부터 승객과 화물, 운송에 관련된 서류를 인수받고 절차에 따라 항공기 출입문을 닫습니다.

그러고 나서 팀장은 항공기의 이동을 위해 기본적인 안전활동을 위한 기내방송을 실시하는데, 이때 전 승무원들은 슬라이드 모드를 변경하고 담당 구역의 승객 착석 및 벨트 착용 상태 등을 체크해야 합니다. 슬라이드(Slide)란 비상사태 시에 승객이 신속하게 탈출할 수 있도록 비상구에 장착된 미끄럼틀 같은 것이라고 생각하면 됩니다. 그런데 승객 탑승 시와 같이 항공기가 전혀 움직이지 않고 있을 때에는 비상구를 열어도 슬라이드가 펼쳐지지 않는 상태로 고정되어 있습니다. 그러나 항공기가 운항을 위해 출입문을 닫았다면 이후에 일어날지도 모르는 비행사태에 대비하여, 비상구를 열었을 때 자동적으로 슬라이드가 펼쳐질 수 있는 상태로 변경시켜야 합니다. 따라서 항공기 출입문을 닫고 팀장이 안전 체크(Safety Check) 방송을 하면 전 승무원은 자신이 담당한 비상구로 가서 슬라이드 모드를 변경해야 합니다.

이것은 비상사태에 대비한 중요한 행동절차이므로 전 승무원은 반드시 팀장의 지시에 따라 모드를 변경한 후 결과를 보고해야 합니다.

기내방송은 아나운서가 하는 것이 아닙니다

드디어 방송 담당 승무원은 탑승 환영 방송을 시작합니다. 이때 "손님 여러분, 안녕하십니까?"라는 TV 아나운서와 같은 방송 담당 승무원의 낭랑한 목소리에 맞춰 모든 승무원은 승객을 향해 정중히 인사를 드립니다.

'오늘 손님 여러분을 모시게 되어 반갑습니다. 잘 부탁드리겠습니다'라는 마음을 담아서 말이죠. 기내방송은 최고 자격증이 있는 선배 승무원이 하고 있습니다. 아나운서 같은 선배의 낭랑한 목소리 때문인지 오늘 파리행 비행은 많은 설렘을 갖게 합니다. K양은 자신도 열심히 연습해서 나중에 꼭 한 번 기내방송 담당을 해보리라 생각하며 혼자 중얼중얼 따라서 연습해 봅니다.

기내에서 승무원들은 인터폰으로 연락을 주고받습니다

넓은 기내에서 승무원들 사이에 연락할 사항은 인터폰으로 합니다. 물론 이 전화 같은 모양의 인터폰은 안내방송을 할 때도 쓰이는 것이지요. 팀장으로부터 전체 승무원이 연락을 받는다거나 멀리 떨어져서 근무하는 동료와 연락할 일이 있을 때도 사용합니다.

가끔 어두운 객실 내에서는 전체 기내방송 버튼을 잘못 눌러 "선배님~" 하는 소리가 전 객실에 흘러나오는 엄청난 경우가 있습니다. 그러므로 항상 주의해야 합니다.

비상용 안전 데모 상영

한국어, 영어, 현지어 순으로 이어지는 환영방송이 끝나면 비행 중 발생할 수 있는 비상사태에 대비하여 '비상구와 비상용 안전장비(Safety Demonstration)'에 관한 영상물을 상영합니다. 이것은 주로 짐 보관 요령, 좌석벨트의 사용, 비상 탈출구의 위치, 구명복의 위치 및 사용법, 산소마스크의 위치와 사용법, 전자기기 사용법, 금연 등에 관한 내용으로 구성되어 있습니다. 만일 비디오로 상영이 곤란할 경우에는 승무원들이 직접 동작을 보여줍니다.

특히 국내선의 경우에는 대부분의 승무원들이 직접 실연하는 경우가 많은데 보기에는 쉬워 보일지 몰라도, 정확하면서도 절제되고 통일된 멋진 실연 동작을 보이기가 그리 쉽지만은 않습니다. 동작을 하고 있는 동안의 표정관리도 상당히 어렵습니다. 안전에 관한 사항이라 너무 밝게 웃으면 승객의 긴장감이 풀어져 주의를 집중시키기가 어렵습니다. 그렇다고 너무 심각한 표정을 짓는 것도 바람직하지 않습니다. 입가에 가벼운 미소를 머금고 우아하면서도 당당한 동작을 보여주었을 때 간혹 학생인 단체 승객으로부터 우레와 같은 박수를 받는 경우가 있습니다.

이륙 전 체크! 체크! 체크!

이륙 전에 전 승무원은 담당 구역별로 안전한 비행을 위해 승객이 좌석벨트를 제대로 착용했는지, 항공기 비상구의 주변과 복도가 깨끗하게 정리되었는지, 비상사태 발생 시 탈출에 방해가 될 만한 물건은 없는지를 확인합니다. 또한 승객의 수하물이나 주방 내 물건의 고정상태, 화장실의 내부도 점검합니다. 또한 탈출상황이 발생했을 때 객실 조명은 외부 환경의 적응에 중요한 요인이 되므로 적절한 밝기로 조절합니다.

안전수칙 제1호, 30초 리뷰(30 Seconds Review)

정신없이 바빴던 지상에서의 비행준비를 모두 마무리하고 드디어 파리를 향해 출발하기만 하면 됩니다. 이륙 준비가 모두 끝나면 승무원은 지정된 승무원용 좌석에 앉아 좌석벨트와 어깨용 벨트를 꽉 매도록 합니다. 승무원용 좌석은 승객과 마주 보고 앉게 되어 있는데, 이때 앞에 앉아 있는 승객과 몇 마디 나눔으로써 서로의 어색함을 풀어주고 주위의 승객들에게도 친근한 승무원의 이미지를 심어줍니다. 승객들에게 보다 가까이 다가갈 수 있는 좋은 기회가 되기도 하지요.

그러나 승객들과의 즐거운 대화에 열중할 수만은 없습니다. 그 순간 승객들은 '아, 드디어 파리로 출발하는구나. 신난다! 도착하면 뭘 할까? 재미있는 일들이 많겠지?' 등등 여러 가지 생각을 하실 테지만 승무원에게 이착륙의 순간은 매우 긴장된 시간입니다. '30초 리뷰'를 통해 만약 비상사태가 발생할 경우 어떤 행동을 가장 먼저 취해야 할 것인가, 그리고 승객들은 어떻게 탈출시켜야 할 것인가 등 자신이 취할 행동을 약 30초 동안 구체적으로 다시 한 번 마음속으로 생각하는 것입니다. 승객의 안전은 전적으로 승무원의 손에 달려 있기 때문이지요. 사실 승무원은 어느 한 순간도 긴장을 늦출 수 없습니다.

제2막 구름 위에서의 서비스

드디어 푸른 하늘로

비행기가 어느 정도의 고도를 유지하게 되면 지상에서부터 켜져 있던 '좌석벨트 착용등'은 꺼지게 됩니다. 그러면 승객들은 좌석벨트를 풀고 나름대로 장거리 여행을 위해 편한 옷으로 갈아입거나 준비해 온 책을 꺼내 읽기도 하지요. 반면 승무원들은 본격적인 근무를 시작하게 되는데, 제일 먼저 식사 서비스를 위해 앞치마로 갈아입습니다. 승객들은 보통 비행기 출발시간보다 일찍 공항에 나오는 편인데, 이를 고려해서인지 식사를 준비하는 승무원들의 손놀림은 더욱 빨라집니다.

원활한 서비스를 위해 작전회의가 필요합니다

식사 서비스를 시작하기 전에 각 주방별로 기내식의 수량, 보관상태, 서비스 준비 및 진행 방법에 대한 브리핑을 실시합니다. 일반석의 많은 승객들에게 원활히 서비스하려면 아무래도 전략상의 준비가 필요한 것이지요. 일반석의 브리핑은 부팀장이 주관하게 되고, 일등석과 비즈니스석 같은 상위클래스의 경우는 주로 구역별 최고참 승무원의 주관 아래 실시됩니다.

기내 음악과 오락물이 제공됩니다

음악 감상이나 영화를 보기 위해 필요한 헤드폰은 지상에서부터 승객 좌석에 준비해 놓게 되는데 이륙 후 본격적으로 서비스가 시작됩니다. 최근에는 개인용 모니터가 장착된 최첨단 비행기도 많이 운항되고 있어 이륙하자마자 많은 승객들은 영화 프로그램에 푹 빠져 식사 서비스에 대한 기대감을 잊어버리기도 합니다. 또한 이때 나이 드신 분이나 어린 승객에게는 좌석에 장착되어 있는 오디오나 비디오 시스템에 대한 설명을 함께 해드린다면 더욱 좋은 서비스가 될 것입니다.

메뉴 보시겠습니까?

주로 일등석과 비즈니스 클래스에서는 식사 전에 승객의 기호에 따른 식사 주문을 따로 받고 있습니다. 기내식은 내국인 승객을 위한 한식과 서양식을 기본으로 하고 있기 때문에 식사 주문을 받게 됩니다. 메뉴 북(Menu Book)에는 오늘 제공되는 식사의 횟수와 내용, 음료수의 종류 등이 나와 있는데 승객들은 이것을 참고로 하여 원하는 식사를 주문합니다. 그러므로 상위클래스 승무원들은 메뉴의 내용을 정확하게 알고 있어야 합니다.

승무원은 칵테일 바텐더의 역할을 거뜬히 해냅니다

일반 양식 코스와 마찬가지로 기내식을 서비스할 때도 식사 전에 식욕을 돋우기 위한 음료를 먼저 제공합니다. 기내에서 서비스되는 음료로는 각종 탄산음료부터 와인, 양주에 이르기까지 매우 다양한 종류가 준비되어 있습니다. 요즘도 가끔 연세 많으신 어르신들이나 외국의 항공사를 많이 이용하신 분들은 음료수를 주문하고 나서 지갑을 꺼내 드는 분도 있습니다. 하지만 대부분의 항공사는 음료를 무료로 제공해 드립니다. 물론 알코올 음료의 경우 과음을 하지만 않는다면 말이지요.

특히 3시간 이상의 장거리 비행에서는 각종 양주를 이용해 승객이 원하는 칵테일을 만들어 입맛을 돋우어 드리고 있습니다. 전문 서비스맨으로서 평소에 갈고 닦은 칵테일 제조 실력이 빛을 발하는 순간입니다. 이때 승무원은 유능한 바텐더인 셈이지요.

첫 번째 식사 서비스

음료 서비스가 끝나면 식사 서비스가 시작됩니다. 일반석에는 보통 2종류가 탑재되는데 그중 한 가지는 한식일 경우가 많습니다. 일등석의 경우 한식으로 비빔밥 이외에도 풍성하고 고급스러운 코스별 한정식이 제공되며, 일반석에는 주로 비빔밥을 서비스합니다. 기내식으로 제공되는 비빔밥과 고추장은 단연 인기입니다.

승무원은 단순히 "쇠고기 드시겠어요? 닭고기 드시겠어요?"가 아니라 어떻게 조리된 어떤 맛의 요리인지 충분히 설명해 드릴 수 있어야 합니다. K양이 프로 승무원답게 주문을 받습니다.

"오늘 점심식사로는 비빔밥과 중국식 소스에 밥이 곁들여진 생선찜요리가 준비되어 있습니다. 매콤해서 입맛에 맞으실 겁니다."

주방장 역할을 담당하는 승무원은 다양한 식사 종류에 따라 적절한 가열시간을 결정하여 승객에게 최상의 상태로 식사가 제공되도록 만반의 준비를 하고, 식사 서비스의 격조를 높이기 위해 고급 프랑스산 와인도 준비합니다. 특히 오늘 같은 유럽 노선에서는 유럽인들의 식문화상 와인의 서비스양이 상당히 많은 편입니다. 서비스 전에 승객 분포도(아시아인이 많은지, 유럽인이 많은지) 및 식사 시간대(점심인지, 저녁인지)를 고려하여 와인의 병마개를 미리 열어놓아 맛이 부드러워지도록 준비합니다. 화이트 와인인 경우 충분히 차게 준비해 놓습니다.

그리고 승객이 식사를 거의 마무리하고 후식을 드실 시점이 되면 커피나 홍차, 녹차 등의 뜨거운 음료를 서비스합니다. 보통 한국인 승객들은 식사 속도가 빨라서 와인을 서비스할 때 즈음이면 식사를 마치는 경우가 많습니다. 와인을 음미하면서 식사를 천천히 즐기는 서구인과는 상당히 대조적입니다.

어쨌든 승객들이 식사를 아주 맛있게 먹는 것을 보며 K양은 흐뭇해집니다.

입국서류의 작성 협조

식사 서비스가 끝나면 승무원은 담당 구역별로 약간 어수선해진 객실을 정리하고 화장실도 깨끗하게 다시 한 번 점검합니다. 그런 다음 도착지 입국에 필요한 입국서류를 배포합니다.

오늘 입국하게 될 프랑스의 경우 유럽연합(European Union) 가입 국가의 국민들에게는 특별한 입국서류를 요구하지 않기 때문에 그 외의 국적을 가진 승객에게만 입국서류를 배포하면 됩니다.

하지만 다른 국가의 경우 입국서류 작성이 까다로운 경우도 있습니다. 입국서류를 잘못 작성하거나 제대로 작성하지 않은 승객이 많으면 해당 국가 정부 측에서 항공사에 벌금을 부과하는 경우가 있습니다. 그러므로 승무원은 자신이 담당한 승객의 입국서류를 일일이 확인하여 제대로 작성했는가를 다시 한 번 점검합니다. 해외여행이 처음이거나 나이 많으신 분들은 반드시 처음부터 도와드리는 것이 좋습니다. 입국서류를 잘못 작성하였을 경우 입국 심사대에서 곤란한 일이 생겨 승객이 불편을 겪을 수도 있으니까요.

면세품 판매

입국서류의 작성이 마무리되면 면세품 판매를 담당한 승무원은 면세품을 판매합니다. 면세품에는 양주뿐만 아니라 화장품, 향수, 액세서리, 초콜릿, 담배 등 다양한 종류가 있습니다. 구입하고 싶은 물건이 있으면 판매 담당 승무원에게 카드나 현금으로 대금을 지불하고 물건을 구입하면 됩니다.

요즘은 기내에서 다양한 물품을 판매하기 때문에 면세품 판매 담당 승무원의 역할은 상당히 중요합니다. 그래서 신참 승무원보다는 고참 승무원에게 주로 맡겨지는 업무입니다.

면세품 판매가 진행되는 동안 모든 승무원은 신속하고 정확하게 기내 판매가 이루어질 수 있도록 협조하고 면세품 판매에 참여하지 않는 승무원은 승객에게 음료를 제공하는 등 승객들의 편의를 위해 다른 서비스를 합니다.

판매가 모두 끝나면 면세품 판매 담당 승무원은 판매량과 잔량, 판매 액수를 확인하고 현금이나 수표, 신용카드 전표의 금액과 일치하는가를 확인한 후 이상이 없으면 남은 면세품을 일정 장소에 보관하여 착륙 전에 봉인(Sealing)할 수 있도록 준비해 놓습니다.

기내 판매 시 주의할 것은 이러한 물건을 구입하고자 하는 분에게는 기다려지는 시간이겠지만 그렇지 않고 조용히 책을 보거나 잠을 자는 분에게는 오히려 방해되는 시간일 수도 있다는 점입니다. 그러므로 승무원들은 면세품 판매 중에 면세품 구입에 참여하지 않는 승객들이 불편을 느끼지 않도록 더욱더 세심한 서비스를 해야 할 것입니다.

깜깜한 객실, 그래도 승무원의 업무는 계속됩니다

비행기 여행에 대한 흥분으로 아침부터 서둘러 나오느라 피로했는지 식사 서비스가 끝나면 승객들 대부분이 휴식을 취하게 됩니다.

이때쯤 승무원들도 정신없이 바빴던 서비스를 일단 마무리하고, 승객들의 편안한 휴식을 위해 어두운 객실을 조용히 오가며 승객들이 필요로 하는 것은 없는지 수시로 확인합니다.

객실은 하늘의 영화관으로 바뀝니다

드디어 큰 화면으로 영화 상영이 시작됩니다. 승무원들은 영화가 상영되기 직전에 객실을 순회하면서 좌석에 장착된 오디오 시스템의 작동방법을 모르는 분은 없는지 다시 한 번 확인합니다. 기내 상영 영화는 주로 승객 선호도가 높은 최신 작품인 경우가 많아서 영화 상영을 기다리는 승객이 많습니다. 때때로 비행기를 '하늘 위의 영화관'이라고 부르는 이유도 여기에 있는 것 같습니다.

드디어 객실이 완전히 어두워지고 영화가 시작되면 영화를 보지 않는 승객들도 나름대로의 휴식에 들어갑니다. 일단 영화가 시작되면 전체 객실의 조명을 영화관처럼 어둡게 조절합니다. 그러면 객실 분위기도 자연스럽게 차분해지고 영화를 보시지 않는 승객도 승무원이 제공해 준 안대를 사용하여 음악을 듣거나 주무시면서 휴식을 취하게 됩니다.

물론 승무원은 이러한 깜깜한 기내를 돌아다니면서 승객에게 불편한 점이 없는지를 계속 살펴야 합니다. 음료를 원하는 분도 계시고 기내에서 제공되는 신문이나 잡지를 원하는 분도 있습니다. 승객은 쉬면서 즐기는 시간이지만 승객의 편안한 휴식을 위해 승무원의 업무는 계속됩니다.

그제야 승무원은 교대로 식사합니다

기내 판매가 끝나고 대부분의 승객이 휴식을 취하게 되면 승무원들에게 어느 정도의 여유가 생깁니다. 그 사이에 승무원들은 커튼이 드리워진 주방 안에서 식사를 하기도 하고 서비스하는 동안 어수선해진 사무실, 즉 주방(Galley)을 정리하기도 합니다.

승무원의 식사는 승객용과는 별도로 탑재되지만 그 내용은 별 차이가 없습니다. 승객 식사와 다른 점이 있다면 모든 승무원이 함께 식사를 할 수 없다는 점이지요. 객실의 공백현상이 생길 수도 있기 때문입니다. 즉 승무원의 도움을 필요로 하는 승객에게 도움을 드릴 수 없는 경우가 발생할 수 있으므로 교대로 식사를 합니다.

첫 번째 식사 서비스를 정신없이 마치고 나서 저녁식사 때가 다 되어가는데도 K양은 배고픈 줄을 모릅니다. 기내식 트레이를 무릎 위에 놓고 물로 목만 축이고 있는 걸 보면….

안전운항을 책임지고 있는 운항승무원도 챙겨드려야지요

항상 칵핏(Cockpit)이라고 하는 조종실을 지켜야 하는 운항승무원을 위해 식사나 음료 등을 챙기는 것은 객실승무원의 일입니다. 조종실의 서빙을 담당하는 승무원의 경우 이런 이유로 비행 중에 가끔씩 조종실을 드나들 수 있습니다. 조종실에서 구경하는 하늘은 객실에서 바라볼 때와는 또 다른 느낌을 갖게 합니다. 승무원만이 누리는 특권이겠지요?

승무원도 교대로 휴식을 취합니다

영화가 상영되면 승객 대부분이 편안하게 휴식을 취합니다. 객실 전체의 분위기가 조용해지고 승무원들도 잠시나마 휴식시간을 갖습니다. 승무원들의 휴식시간은 10시간이 넘는 비행에서만 허용되며, 반드시 2개 조로 나누어 쉬게 됩니다. 식사 때와 마찬가지로 객실에 공백현상이 생기지 않도록 하려는 것입니다. 그래서 일부 승무원이 휴식을 취하는 동안 나머지 승무원들은 쉬는 승무원의 몫까지 더 열심히 일해야 합니다.

보통 보잉777 비행기에서 승무원들은 기내 후미에 있는 크루 레스트 벙크(Crew Rest Bunk)에서 쉬게 됩니다. 2층 간이침대가 있는 이곳이 바로 승무원 전용 침대입니다. 집에 있는 침대처럼 넓고 푹신한 것은 아니지만 그래도 긴 비행 중 잠시나마 발을 뻗고 누울 수 있는 공간이 있다는 사실이 승무원에게는 사막에서 오아시스를 만난 것처럼 반가울 따름입니다.

기내에서의 순회업무(Walk Around)

항공사 광고 중에는 한 스튜어디스가 잠든 승객에게 조용히 담요를 덮어드리는 장면이 있습니다. 스튜어디스의 세심한 서비스가 돋보이는 장면으로 기내 순회 중에 이루어지는 업무라고 할 수 있습니다. 서비스 절차에 의해 일률적으로 이루어지는 업무에 비한다면 승객들이 쉬고 있는 그 시간이야말로 승객과 보다 가까워질 수 있고 진정한 서비스맨으로서의 능력을 발휘할 수도 있는 귀중한 시간입니다.

기내 순회업무의 내용은 반드시 이렇게 해야 한다는 식으로 정해진 것은 아닙니다. 승객의 입장에서 승객이 무엇을 가장 필요로 할 것인가를 배려할 줄 아는 마음과 승객을 따뜻한 시선으로 바라볼 수 있는 포용의 마음만 있다면 금방 알 수 있는 것들입니다. 예를 들면 다음과 같은 것들이 기내 순회업무에 포함된다고 할 수 있습니다.

- 야간 비행 중 취침을 하지 못하는 승객에게는 따뜻한 음료를 권합니다.
- 독서하는 승객에게는 독서등을 켜드리고 음료 서비스를 합니다.
- 취침하려는 승객에게는 베개와 모포, 안대 등을 제공하고 독서등도 꺼드립니다. 또한 가까운 창문의 커튼도 닫아드립니다.
- 승객 주변을 수시로 점검하여 항상 청결을 유지하도록 합니다. 또한 승객 좌석 앞주머니 속에서 이미 사용한 컵이나 불필요한 물건 등도 수시로 치워드립니다.

- 비행기의 좁은 통로에서 승객과 마주칠 때는 가벼운 미소를 지어 친밀감을 나타내며 승객에게 길을 우선 양보합니다.
- 무료하게 앉아 있는 손님에게는 오락용품(바둑/체스, 신문, 잡지, 기내 도서 등)을 자주 안내하여 적극적인 서비스를 합니다.

그러나 스튜어디스의 가장 중요한 임무는 승객의 안전을 확보하는 것입니다. 따라서 기내 순회업무를 할 때에도 화장실에서의 위험 요소 점검 및 담당 구역 승객의 건강상태 체크, 기체 요동 시를 대비한 안전벨트의 확인 등을 철저히 합니다. 승객의 안전을 최우선으로 하는 직업의식과 노력이 필요한 것이지요.

화장실이 반짝거립니다

스튜어디스가 되기를 희망하는 사람이라면 한 번쯤 '과연 비행기 안의 화장실은 누가 청소하는 것일까?' 하고 궁금해 했을 것입니다.

신입 전문훈련을 받을 때 강사에게는 차마 질문하지 못하고 그저 입사 동기들끼리 의구심을 품었던 부분도 이런 문제였던 기억이 납니다. 심지어 "화장실 청소까지 해야 한다면 차라리 그만두겠어"라고 말하던 동기도 있었습니다. 지금 돌이켜보면 역시 갓 입사한 신입 승무원으로서 철없는 생각이 아니었나 합니다. 스튜어디스의 업무를 그저 단순한 일의 한 가지로만 볼 줄 알았지 서비스의 개념에 대해서나 스튜어디스의 일터가 되는 비행기에서의 업무에 대해 아무것도 알지 못했고 알려고 하지도 않았던 것입니다.

우리 집의 화장실을 다른 누가 와서 특별히 청소해 주지 않듯이 비행기 속의 화장실 역시 비행기의 주인인 스튜어디스들의 정성 어린 손길로 청결이 유지되고 있는 것입니다. 그렇다고 실제로 승무원이 빗자루나 걸레를 들고 화장실 청소를 직접 하는 것은 아닙니다. 많은 분들이 공동으로 사용하는 장소이므로 화장지나 칫솔이 떨어지면 보충하고, 세면대나 거울 같은 것이 더러워지면 다음 분이 기분

좋게 사용할 수 있도록 깨끗이 닦아놓는 정도이지요. 물론 은은한 향기까지 말입니다. 내 집에 놀러 온 손님이 깨끗한 화장실을 사용할 수 있도록 집 주인이 그 정도의 수고를 하는 것은 너무나 당연한 일 아니겠습니까? 승무원은 승객들이 잠을 자거나 영화를 감상하는 동안에도 화장실을 이용하는 분들을 위해 항상 깨끗이 정돈하고 있습니다.

감사의 마음을 담은 선물도 있습니다

승객에게 감사의 마음을 전달하기 위해 항공사에서는 첫 번째 식사 서비스가 끝난 후 각 클래스별로 다양한 종류의 기념품을 제공하고 있습니다.

일등석과 비즈니스석에는 보통 편의복이나 여행용품(Amenity Kit) 등을 제공하고 일반석에는 주로 어린 아이를 대상으로 수첩이나 배낭, 비행기 모형, 스티커북 등을 제공하고 있는데 이러한 기념품은 승객 만족 차원에서뿐만 아니라 항공사의 이미지를 높이는 데에도 상당한 도움을 주는 것 같습니다.

두 번째 식사 서비스

식사 서비스 전에 따뜻한 물수건을 준비합니다

보통 두 번째 식사 서비스 전에 먼저 뜨거운 물수건을 제공합니다. 긴 장거리 여행으로 피곤한 승객들에게는 뜨거운 물수건 한 장이 매우 상쾌하게 여겨질 것입니다. 갤리 담당 승무원은 미리 물수건의 온도, 습도, 냄새 등을 점검하여 준비합니다.

시간이 갈수록 밝은 미소가 빛납니다

이륙한 지 거의 8시간이 지나 두 번째 식사 서비스가 시작될 무렵은 승무원에게 참으로 힘든 시간입니다. 서울 시간으로 새벽을 가르는 시간인데다 비행 시작 전부터 이륙 후 내내 잠깐의 휴식을 취한 것 외에는 넓고 넓은 객실을 계속 걸어다녔으니 시베리아 벌판을 걸어온 것과 다름없겠지요. 어찌 보면 비행근무의 피로가 극에 달했다고 할 수 있습니다. 그러나 스튜어디스 K양은 이런 때일수록 밝은 미소가 더욱 빛난다는 것을 알고 있습니다. 마음속으로 처음 서비스할 때보다 더욱 넉넉한 미소를 준비합니다.

또 한 번의 식사 서비스

영화 상영이 끝나고 승객들이 휴식을 취하고 나면 어느새 두 번째 식사시간이 됩니다. 교대로 휴식을 취한 승무원들은 흐트러진 머리 모양새나 화장을 고치고, 근무 조로 일하고 있던 승무원과 함께 두 번째 식사 준비를 끝낸 뒤 다시 객실의 조명을 밝게 하고 서비스할 준비를 합니다.

저녁 시간대가 되자 출출해진 승객들은 주방에서 풍겨 나오는 음식 냄새 때문인지 주방 주위를 서성거리기도 합니다.

착륙 1시간 전

승무원이 처리해야 할 서류작업이 많습니다

식사 서비스가 끝나고 파리 도착이 거의 다가오면 식사 서비스를 준비하는 승무원은 서비스용품을 깨끗이 정리하고 서비스용품과 술의 잔량, 기내 판매 대금 및 잔액을 조사하여 서류를 작성한 후 팀장에게 제출해야 합니다. 고객 서비스에서부터 서류상의 업무까지 처리해야 하는 것을 보니 승무원은 역시 다방면으로 재주가 있어야 할 것 같습니다.

이 밖에도 팀장은 비행근무의 기록, 교대할 다음 팀장의 업무 참조를 위해 '비행보고서' 등도 작성합니다.

도착 안내방송이 무척이나 반갑게 들립니다

착륙 40분 전쯤 되면 도착 안내방송이 드디어 나오기 시작합니다. 승무원들이나 승객들 모두 반가운 마음에 부산하게 움직이기 시작합니다. 승객들은 여행 중 사용했던 물건들을 다시 정리합니다. 머리도 매만지며 비행 중 흐트러진 용모를 다시 정돈합니다. 승무원들도 착륙을 위한 준비에 들어갑니다.

각자 담당 구역 승객의 입국서류를 다시 한 번 점검하고 화장실 및 복도, 승객의 좌석 주변과 담요 등도 정리합니다. 또한 헤드폰 및 잡지도 회수하여 원위치시키고 승객의 착륙 준비가 제대로 되어 있는지도 확인합니다.

또한 담당 승무원은 주류가 보관된 카트를 완전히 봉인한 후 '주류 봉인 번호(Liquor Seal Number) 인수인계서'를 작성하여 착륙 후 지상 탑재 직원에게 인계할 준비를 합니다. 또한 다음 팀을 위해 서비스용품 및 서비스 기물도 깨끗이 정리하여 원위치시킵니다.

비행기 내 모든 승무원들이 파리로의 착륙 준비를 일사불란하게 마무리합니다.

철저한 안전 점검을 끝으로 착륙을 기다립니다

파리에 거의 접근했다는 어프로칭 사인(Approaching Sign)이 나오면 이륙할 때와 마찬가지로 좌석벨트 착용등이 켜집니다. 이때 승무원들은 담당 구역 승객의 좌석벨트를 확인한 후 승무원용 좌석에 착석하면 됩니다.

멀리 창문 밖으로 샤를드골(Charles de Gaulle)국제공항의 웅장하면서도 멋진 모습이 보이자 비행이 무사히 끝났다는 안도의 한숨을 쉬어 보지만 아직 긴장감을 늦출 수는 없습니다. 대부분의 항공기 사고가 이착륙 시에 발생한다는 통계가 말해주듯이 언제나 처음과 마지막 순간이 중요하니까요. 이륙할 때처럼 만약의 비상사태에 대비하여 자신의 행동요령을 30초 리뷰(30 Seconds Review)를 통해 다시 한 번 머릿속에 그려봅니다. 이렇게 행동을 미리 생각하고 있을 때와 그렇지 않을 때의 실제 반응 속도에는 많은 차이가 난다는 사실을 명심하는 것이 승무원의 기본 자세임을 한순간도 잊지 않습니다.

착륙 후의 업무

손님 여러분, 아직 일어서지 마십시오!!!

일단 무사히 활주로에 착륙하면 방송 담당 승무원은 도착방송을 합니다. 역시 오늘 탑승한 승무원 중에서 최상위 방송 실력을 가진 승무원답게 정확한 발음으로 따뜻한 느낌을 주는 목소리가 아주 편안하고 다정하게 들립니다. 도착방송은 10시간 넘게 함께해 온 승객들에게 이제 친숙하게 들려옵니다.

방송이 끝나고 비행기가 활주로를 벗어나 승객이 내릴 장소로 이동하는 동안, 짐을 꺼내기 위해 서둘러서 일어나는 승객이 간혹 있습니다. 장시간 앉아 있는 고통에서 벗어나 빨리 내리고만 싶은 심정은 이해합니다만, 비행기가 이동 중인데서서 움직이는 것은 상당히 위험합니다.

비행기가 완전히 멈추어 서면 팀장은 기내방송을 통해 "승무원, 안전 체크"라고 말합니다. 그러면 모든 승무원은 서울에서 이륙하기 전 비상 탈출 시에 대비해서 변경해 놓았던 슬라이드 모드를 다시 원위치로 놓게 됩니다. 만약 슬라이드 모드를 정상 위치로 해놓지 않은 상황에서 항공기 비상구를 열게 되면 비상시가 아님에도 불구하고 슬라이드가 펼쳐져 오히려 경미한 비상사태가 될 수도 있으니까요. 이런 경우 승객이 하기하기 위해 기다려야만 하고 회사 입장에서는 경비 손실은 물론 재정비에 따르는 시간의 소모를 감수해야 합니다. 팀장에게 최종 보고가 끝난 후 팀장은 드디어 항공기 출입문을 열게 됩니다.

"수고했어요"라는 말 한마디에 피곤함이 사라집니다

팀장이 비행기의 문을 열고 나서 지상 직원에게 비행에 관련된 모든 서류를 인계합니다. 드디어 항공기 탑승에서부터 약 13시간이란 긴 시간 동안 승객과의 만남이 이별로 이어져 승객의 하기가 시작됩니다. 이때 승무원은 자신의 좌석 옆에서서 헤어지는 아쉬움과 감사의 마음을 담아 승객에게 하기 인사를 합니다. 또한 즐거운 여행을 계속하시라는 인사말과 함께 승객이 짐을 갖고 신속하게 내릴 수 있도록 도와드리는 것도 잊지 않습니다.

승객들도 드디어 파리에 도착했다는 안도감과 기쁨 때문인지 얼굴에 밝은 미소가 가득합니다. 비행기 안에서는 별로 말도 없던 분들이 내릴 때에는 밝은 표정으로 "수고했어요, 다음에 또 만납시다"라는 인사말을 하며 내리시는 것을 보면 정말 산같이 쌓였던 피곤함이 한순간에 사라져 버립니다. 고된 비행이 보람으로 바뀌는 순간입니다. 아무리 몸이 피곤하고 지쳐도 승객들이 건네주는 이러한 말 한마디가 승무원들에게는 큰 힘이 되는 것 같습니다.

최후의 마무리까지 철저히 수행합니다

승객들이 모두 하기하고 나면 승객 좌석은 물론 객실 전체에 승객들이 두고 간 짐은 없는지의 여부와 비상구의 슬라이드 모드를 재확인합니다. 그리고 화장실에 승객이 없는가도 점검한 후 남아 있는 서비스용품 등을 모두 회수해서 정리합니다. 지상 직원에게 인수 인계 작업을 하는 것도 꼼꼼히 처리해야 합니다.

승객 하기 후의 업무

모든 기내 점검이 끝나면 승무원은 기내화를 다시 램프화로 갈아 신고 피곤한 기색도 감춘 채 우아한 걸음으로 자신의 가방을 가지고 비행기에서 하기합니다. 가끔 앞치마나 약통, 방송문 등을 비행기에 두고 내리는 승무원도 있는데 (주인보다 먼저 서울에 도착해서 기다리고 있는 경우도 있습니다.) 승객 유실물뿐만 아니라 승무원 유실물도 발생하지 않도록 주의를 기울여야겠습니다.

한국 시간으로는 이미 자정을 넘긴 힘든 비행이었지만 모든 업무가 끝난 시점에 승무원끼리 주고받는 인사말은 늘 정감이 깃들어 있습니다.

"수고하셨습니다."

"수고하셨습니다."

제3막 파리(Paris)의 하늘 아래에서

파리의 호텔로 출발

승무원은 어디서나 우대받습니다

프랑스는 다른 나라와는 달리 승무원에게 별다른 입국절차를 요구하지 않습니다. 즉 일반 승객이 입국장을 거쳐 입국하는 것과는 달리 승무원들은 곧장 비행기 밖의 계류장으로 나가 대기하고 있던 버스에 탑승하여 호텔로 가기만 하면 됩니다.

그러고 나서 공항을 빠져 나가면 되는데 그 이전에 승무원용 입국 심사대라고 할 수 있는 건물에서 간단한 절차만 통과하고 호텔로 향하게 됩니다. 이때 승무원들은 버스에 앉은 채로 함께 탑승한 직원으로부터 각자의 항공사 직원 신분증으로 확인받기만 하면 프랑스 입국 수속이 끝나게 됩니다. 보안 검사대의 통과도 거치지 않고 말이죠. 물론 가끔은 승무원 전원이 버스에서 내려 짐을 검사받는 경우도 있습니다.

이처럼 전 세계 어느 공항을 가더라도 승무원들은 많은 혜택과 편의를 제공받게 되는데, 장시간 비행 끝에 지친 몸을 이끌고 비행기를 내릴 때에는 이러한 배려가 그저 고맙게 느껴질 따름입니다.

승무원은 지정된 특급 호텔에서만 머뭅니다

이제 버스 의자에 잠시 피곤한 몸을 기대어 봅니다. 에펠탑과 개선문만을 생각하고 있던 사람에게는 도저히 이곳이 프랑스라는 사실이 실감나지 않습니다. 프랑스의 어둑어둑해진 저녁 하늘을 배경 삼아 넓은 벌판에서 뛰어 노는 토끼의 모습과 도로 위의 프랑스어 표지판을 보니 반가움이 앞섭니다.

해외에서 승무원들이 머물게 되는 곳은 항공사의 대외적인 이미지 관리상 주로 특급 호텔로 지정되는 경우가 많습니다. 이곳 프랑스에서도 공항 바로 옆에 있는 특급 호텔에서 머물게 되는데 이 호텔은 로비 인테리어가 아주 인상적입니다. 호텔 겉면은 초현대적으로 철근과 유리를 이용한 깔끔한 설계가 근사하고, 내부는 대나무 장식을 이용해서 동양적이면서도 신비한 분위기가 조화롭게 느껴지는 곳입니다. 그러면서도 로비 곳곳을 현대적인 그림과 조각으로 장식하고 있는데 역시 프랑스인들의 뛰어난 예술감각은 남다르다는 생각이 절로 듭니다.

팁은 국제인으로서의 에티켓입니다

일단 호텔에 도착하게 되면 짐을 모두 내리고 호텔 안으로 들어가 방 배정(Room Assign)을 기다립니다. 이때 잊어서는 안될 일이 있습니다. 바로 팁(Tipping)에 관한 문제인데 한국 사람들은 팁 문화에 익숙하지 않아서 외국에 나와서 곧잘 잊어버리는 경우가 많습니다. 하지만 "로마에 가면 로마법을 따르라"라는 말도 있듯이 세계 곳곳을 돌아다니는 승무원들은 식당이나 택시를 이용한 후에 팁 주는 것을 잊지 않도록 해야 합니다. 특히 단체로 버스를 이용했을 경우에는 각자의 퍼듐에서 미리 얼마씩 돈을 거둬 한꺼번에 운전기사님께 팁을 전달하곤 합니다. 20명 정도 되는 승무원의 짐을 혼자서 버스에 실어주기도 하고 내려주기도 하는 운전기사님을 생각하면 얼마간의 팁은 당연하다는 생각이 듭니다.

해외에서의 팁 주기는 늘상 있는 일이므로 팀 내에서 담당 승무원을 정해 팁을 담당케 하는 경우가 많습니다. 외국에서의 팁은 국제인의 에티켓입니다.

싱글 룸 내지 트윈 룸으로 방 배정을 받습니다

승무원의 방 배정은 보통 경력 있는 최고참 승무원이 합니다. 대부분 호텔 측에서 승무원 수에 따라 미리 방을 배정해 놓는 경우가 많기 때문에 체크인 카운터에 가서 도착 편명을 말하기만 하면 됩니다.

방 배정은 입사해서 어느 정도 경력이 쌓이면 싱글 룸(Single Room)을, 그 이외의 승무원들은 트윈 룸(Twin Room)을 사용하도록 규정되어 있습니다. 몇 년 전만 해도 싱글 룸을 사용하는 고참 승무원이 많지 않았습니다. 그러나 요즘은 승무원직이

평생직으로 자리를 잡아 가고 있는 추세인 까닭에 입사한 지 얼마 되지 않은 승무원 이외에는 많은 고참 승무원들이 싱글 룸을 사용합니다. 그만큼 이직률이나 퇴직률이 많이 낮아졌다는 증거겠지요.

특히 입사한 지 얼마 되지 않은 승무원들은 호텔에서의 매너나 방 사용법에 익숙하지 않기 때문에 비행경력이 많은 선배들은 신참 승무원들에게 호텔 사용 매너에 대해 귀띔해 주곤 합니다.

방 배정이 끝나고 열쇠를 받으면 팀장은 간단하게 해외 체류 시 주의할 점과 귀국편 비행의 출발시간 및 호텔 출발시간 등에 관해 언급합니다. 아마도 승무원들로 하여금 이곳 파리에서의 휴식도 근무의 연장이라는 것을 상기시켜 주려는 것이 아닐까요? 그러고 나서 승무원 간에 편히 쉬라는 인사말을 하고 각자의 방으로 들어서면 드디어 모든 비행일정을 마치고 파리에서의 멋진 계획을 실천할 일만 남게 되는 것입니다.

장거리 비행의 피로를 날려버리듯 크게 외칩니다.

"편히 쉬십시오!"

파리에서의 하루

친자매보다 더 끈끈한 동료애로 묶여 있습니다

피곤한 몸을 이끌고 방으로 들어오면 그야말로 흰 침대 커버가 천국처럼 느껴집니다. 옷을 갈아입을 여력도 없이 흰 침대 시트 안으로 빠져 들어갑니다. 그냥 이대로 잠들고 싶어라~!

하지만 만약 깨끗이 씻지도 않고 잠들게 되면 다음날 아침 얼굴이 엉망이 되어버리기 쉽습니다. 저도 예전에 호텔에 들어와서 룸 시니어(흔히 같은 방을 사용하는 선배를 이렇게 부릅니다)가 먼저 샤워를 하는 동안 너무 피곤한 나머지 그냥 침대에서 잠들었던 적이 있습니다. 샤워를 마치고 나온 선배는 곤하게 자는 제 모습이 너무 안쓰러웠던지 깨우지도 못하고 그냥 자게 했는데 다음날 화장독 때문에 얼굴은 엉망이 되고 그 이튿날 있었던 비행근무 때까지도 고생했던 기억이 있습니다. 그리고 또 한 번은 다리가 너무 붓고 아파서 피곤을 풀려고 침대 머리맡에 다리를 90도 각도로 올려놓은 채 잠들어 버렸다가 한동안 걷지도 못할 만큼 다리에 마비가 왔던 적도 있었습니다. 모두 다 비행 후의 피곤함을 이기지 못해서 생긴 일입니다. 지금 생각하면, '얼마나 힘들고 피곤했으면…' 하는 애처로운 생각보다는 벌겋게 부어오른 얼굴이나 절뚝거리는 다리를 보고 룸 메이트와 배꼽을 잡으며 웃던 기억이 더욱 생생합니다.

트윈 룸을 사용하면 방을 함께 쓰는 동료와 이야기도 나누고, 생활하면서 즐거운 시간을 보낼 수 있습니다. 하지만 때때로 상대방에게 신경을 써야 할 때나 혼자 있고 싶을 때 또는 옷도 편하게 입지 못할 때에는 싱글 룸을 사용하는 선배가 무척 부러워지기도 합니다.

사실 형제, 자매간도 아닌데 한 방을 같이 사용한다는 것이 생각만큼 쉬운 일은 아닌 것 같습니다. 서로 시차 적응 정도나 취미, 기호, 생활 습관 등 모든 것이 다르기 때문에 여간 신경 쓰이는 것이 아닙니다. 특히 신참 승무원일 경우라도 선후배끼리 방을 사용할 경우는 선배가 잠에서 깨지 않도록 한밤중에 화장실 가는 일을 꺼리곤 합니다. 선배는 선배 나름대로 잠꼬대하는 후배 때문에 잠을 못 이루는 경우도 있고 식성이 서로 맞지 않아 함께 식사 한 번 제대로 하지 못하는 경우도 있습니다.

이럴 때 친동기간이라면 서로 불만을 말하면서 다투기라도 하겠지만, 직장 선후배 간이니 서로에게 싫은 소리를 할 수도 없습니다. 그래서 가끔은 한방을 같이 사용한다는 것이 큰 부담이 될 수도 있지만, 상대방에 대한 최소한의 배려와 예의만 갖춘다면 비슷한 또래의 여자끼리 오히려 친자매 이상으로 친해지는 경우도 많습니다.

특히 같은 비행기를 타고 함께 먹고 자고 하는 식의 생활을 반복하는 한 팀의 승무원들은 서로에게 '우리는 운명공동체'라는 의식으로 작용하여 힘들 때 많은 의지가 되기도 합니다. 그래서 팀 교체 시기가 되어 서로 헤어지게 되면 섭섭한 마음에 눈물을 보이는 승무원도 많습니다. 일단 비상사태가 발생하면 승객의 안전을 위해 어떠한 위험도 마다하지 않는 승무원들이지만 역시 순수한 마음은 감출 수 없나 봅니다.

어디에서건 건강관리에 신경 써야 합니다

아무리 건강에 자신 있다 할지라도 시도 때도 없이 낮밤이 바뀌고 기후가 달라지는 데는 장사가 없습니다. 그러므로 승무원은 항상 비행근무에 적합하도록 건강관리를 해야 하며 질병의 발생을 조기에 발견하도록 노력해야 합니다.

또한 근무형태상 불규칙한 식사를 하게 되므로 각별한 주의를 기울여야 하는데 쉽게 변질되는 음식이나 소화가 잘 안되는 음식은 피하고, 특히 더운 지방에서는 수분 섭취를 늘리도록 해야 합니다. 식사는 보통 비행 1~2시간 전에 하는 것이 바람직하며 비행 중에는 객실 내 습도가 10% 미만인 점을 감안하여 신체의 수분 손실을 줄일 수 있도록 수분 섭취에 특히 신경을 써야 합니다. 그리고 비행 후에는 영양이 풍부한 식사를 하고 너무 과식하지 않도록 합니다. 단시간 내에 여러 시간대를 통과함으로써 도착지의 현지 시간과 생리적 시간과의 생체 리듬의 부조화를 해소하기 위해 수면 부족과 피로가 누적되지 않도록 노력해야 합니다.

그리고 승무원은 세계 곳곳을 여행하는 만큼 다양한 기후에 노출되기 쉬우므로 기후 변화에 따른 건강관리에도 힘써야 합니다.

피곤하고, 졸립고, 배가 고프답니다

잠자리에 들 모든 준비를 마치고 드디어 피곤한 몸을 자리에 누이면 앞으로 며칠 동안이라도 잘 수 있을 것 같습니다. 파리 시간으로는 오후 8시가 조금 넘었지만 한국 시간으로는 벌써 새벽 5시이니 당연한 일이겠지요.

대략 7~8시간만 자고 일어나면 몸은 피곤해도 눈은 뜨이게 마련입니다. 시차 적응을 할 시간이 없었으니 한국 시간에 맞추어 자연스럽게 눈이 떠진 것입니다. 그러나 시계를 보면 아직 이곳 시간은 새벽 5시.

다시 눈을 붙여보려 노력하지만 한국 시간으로는 한낮인 시간인데 잠이 올 리가 없습니다. 더군다나 수면을 계속 방해하는 것은 참을 수 없는 배고픔입니다. 비행기에서 내리기 전에 식사를 했지만 10,000m 상공에서는 늘 배가 더부룩하고 소화도 잘 안되기 때문에 조금밖에 식사를 못 했습니다. 이런 사정도 몰라주고 배 속에서는 계속 밥을 넣어 달라고 난리를 치니 더 이상 잠만 자고 있을 수 없는 일입니다.

하지만 아침식사를 하려면 아직도 두 시간 이상을 더 기다려야 합니다. 너무 배가 고파서 룸 서비스를 시켜 먹어본 적도 있었지만 가격에 비해 양과 내용은 형편없는 경우가 많습니다. 어쩔 수 없이 주린 배를 안고 뷔페식당의 문을 열게 될 아침 시간만 기다릴 수밖에 없습니다.

K양은 피곤함, 졸림, 배고픔 때문에 괴롭기만 합니다.

봉주르, 마드무아젤!(Bonjour, Mademoiselle!)

유난히 더디게 느껴지는 두 시간을 보내고 나서 식당으로 내려와 보니 다른 승무원들도 같은 처지였는지 식당 문이 열림과 동시에 하나둘씩 모습을 나타냅니다.

피곤하고 많이 배가 고팠을 텐데 가볍게 화장과 머리 손질도 하고 옷까지 예쁘게 차려 입고 나온 걸 보니 역시 승무원의 이미지 관리는 철저합니다. 회사를 출퇴근할 때와 마찬가지로 해외에서도 승무원의 품위를 손상시키지 않는 용모, 복장을 해야 한다는 엄격한 규정이 이제는 몸에 배었습니다. 어느 장소에서나 단정한 모습으로 나타나는 승무원들의 모습을 보면 어떤 때는 신기하다는 생각이 듭니다.

유럽에서의 아침식사는 보통 빵과 음료만으로 이루어진 경우(Continental Breakfast)가 많지만, 요즘 대부분의 호텔에서는 계란요리와 베이컨 등을 포함한 미국식 아침(American Breakfast)을 제공하고 있습니다. 특히 투숙객 중에 아시아인들이 많아서인지 밥과 일본식 된장국, 김, 김치, 라면 등을 준비해 놓는 곳도 많습니다. 어쨌든 간단하게 커피부터 마시고 동료들끼리 파리에서의 계획을 이야기하며 즐거운 아침식사를 하고 있노라면 새삼 흐뭇해집니다.

비록 한국에서 먹는 따뜻한 아침밥과는 맛에서 비교도 안되지만 그래도 분위기 좋은 식당에서 잘생긴 프랑스 남자들의 서비스를 받으며 먹는 아침식사에서 나름대로 낭만과 멋이 느껴집니다.

해외 체류도 근무의 연속입니다

K양은 파리에 머무는 동안 동료 스튜어디스 몇 명과 베르사유 궁(Palais de Versailles)에 가볼 계획입니다. 아침 뷔페식당에서 만난 팀장님께 이러한 외출 계획을 말씀드렸습니다. 해외 체류지에서 객실승무원에 대한 지휘 책임은 팀장에게 있기 때문에 규정상 각 체류 장소가 속해 있는 행정구역의 경계를 벗어나거나 혹은 가까운 곳이라 하더라도 장시간 외출을 하게 되는 경우 연락처, 전화번호 및 호텔로의 귀가시간 등을 팀장에게 보고하는 것이 의무입니다. 이것은 개인생활의 자유까지 통제하려는 것이 아니라 갑작스럽게 항공기의 출발시간이 변경되는 등의 비상사태가 발생했을 경우 능동적으로 대처하기 위한 사전 조치라고 생각하면 됩니다. 해외에서 머무는 것도 다음 스케줄을 위한 근무의 연속선상에 있기 때문입니다.

슬슬 외출 준비를 서두릅니다

아침식사를 마치고 방으로 돌아오면 잠시 쉬었다가 다시 한 번 계획을 잘 정리하여 외출 준비를 서두릅니다.

사실 승무원 생활을 오래 하다 보면 세계 모든 나라가 다 똑같게 느껴지고 '사람 사는 곳이 다 그렇지, 뭐!' 하는 생각이 들면서 점점 호텔 방안에만 있고 싶고, 웬만큼 멋진 것이 아니라면 그다지 감탄하지도 않게 됩니다. 그동안 너무 멋지고 근사한 구경을 많이 한 탓도 있겠지요.

하지만 파리의 경우는 예외입니다. 아무리 파리를 많이 와봤던 승무원일지라도 파리는 늘 새롭게 느껴지고, 다양한 볼거리가 있고, 항상 변화하고 있는 듯하기 때문입니다.

비행 스케줄을 보니 파리에서 머무는 시간은 대략 50시간입니다. 예술과 낭만의 도시로 표현되는 파리의 한가운데에서 오랜 역사와 함께 숨 쉬며 다양한 멋과 자유로움을 만끽할 수 있다는 것이 얼마나 매력적인 일입니까? 승무원에게 이 시간들은 너무나도 짧게만 느껴집니다.

외출 준비를 위해 환전부터 합니다

승무원들은 퍼듐을 달러로 지급받기 때문에 다른 종류의 화폐를 사용하는 국가에 머물 때에는 반드시 그 나라의 돈으로 환전을 해야 합니다. 아무리 신용사회가 되어 카드만으로 모든 것이 해결될 수 있다고는 하지만 자질구레한 소품의 구입이나 교통비를 지급할 때에는 현금이 필요할 때가 많으니까요.

다행히 유럽에서는 모든 통화가 유로화(Euro Money)로 통일되었지만 몇 년 전만 해도 프랑스 프랑(Franc)이나 독일의 마르크(Mark), 네덜란드 길더(Guilder), 스위스 프랑, 이탈리아 리라(Lira) 등등 수많은 유럽 국가의 화폐를 일일이 환전하여 쓰고 다녔습니다. 지금은 각 나라별로 남은 동전을 집안에 골동품처럼 보관하고 있습니다.

환전은 보통 공항이나 기차역 등에 있는 환전소나 은행에서 하는 경우가 많은데, 유럽 국가나 그 외의 국가를 여행하면서 느낀 것은 이러한 시설이 상당히 잘되어 있다는 점입니다. 특히 유럽은 공항이나 기차역이 생활의 중심지로 자리 잡고 있기 때문에 다양한 편의시설이 구비되어 있고 모든 교통체계도 이곳을 중심으로 편성되어 있는 경우가 많습니다. 따라서 초행길이라도 일단 호텔과 공항을 수시로 오가는 셔틀버스를 타고 공항까지 가면 환전도 하고 원하는 곳으로 갈 수 있는 다양한 교통편도 이용할 수 있습니다.

단지 조심해야 할 것은 앞서 말한 것처럼 유럽에서의 공항은 생활의 중심 역할을 하는 경우가 많기 때문에 그 규모가 대부분 엄청납니다. 그래서 초행길인 경우 공항에서 길을 잃을 수 있으니 조심해야 합니다.

멋과 낭만의 도시, 파리!

파리는 어느 곳 못지않게 구경할 곳이 많은 도시이므로 관광을 목적으로 호텔을 나선다면 편한 신발은 필수입니다. 샹젤리제 거리를 걸어 개선문까지 가서 그 위를 올라가 보면 저 멀리 보이는 에펠탑이 너무 반가운 나머지 정신없이 그곳을 향해 걸어가는 경우가 있습니다. 물론 걸어가다 보면 모든 길가에 있는 건물들의 화려한 건축양식이나 웅장함에, 또는 길거리에서 자주 행해지는 파리 사람들의 팬터마임(Pantomime)이나 연주 같은 여러 가지 이벤트를 구경하느라 지루한 줄도 모릅니다. 하지만 나중에서야 걸어온 길이 엄청나게 먼 거리라는 사실을 알고 스스로 놀라는 때도 있습니다. 이처럼 파리는 곳곳이 유명한 관광지이므로 반드시 편한 신발을 준비해야 합니다.

추억의 영화 한 장면이 연상되는 근사한 에펠탑 밑에서, 낭만이 흐르는 몽마르트르(Montmartre) 언덕 위에서, 마리 앙투아네트(Marie-Antoinette)가 살던 화려한 베르사유 궁전 앞에서 멋진 포즈를 취해 찍은 사진들을 보면 마치 자신이 모델처럼 느껴질 것입니다.

파리에는 멋진 유물 못지않게 소매치기도 많습니다

멋과 낭만의 도시, 파리! 말만 들어도 가슴이 설렙니다. 하지만 파리는 우리가 생각했던 것만큼 근사한 곳만은 아닙니다. 잔뜩 기대하고 나간 파리의 도심 한가운데에서 지갑이나 가방을 소매치기 당했을 경우에는 더욱 그렇습니다. 특히 파리에는 관광객을 대상으로 한 소매치기가 아주 많습니다. 우리가 기대했던 멋진 도시의 이미지와는 걸맞지 않는 일이지만 틀림없는 사실입니다.

실제로 몽마르트르 근처에 있는 노천카페에서 여러 명의 승무원들과 커피를 마시고 있는데 잘생긴 프랑스 남자가 옆 테이블에 앉아서 의자에 걸어놓은 후배의 가방을 뒤지는 것을 보고 놀랐던 적이 있었습니다.

파리는 여러 가지 멋진 수식어가 잘 어울리는 반면 어두운 면도 함께 존재하고 있습니다. 아무리 파리에 온 것이 기쁘고 반갑다고 할지라도 너무 들떠 행동하는 것은 좋지 않습니다.

다양한 여가 활용법

유니폼을 입고 근무하는 모습을 보면 승무원이 모두 비슷해 보이지만 일단 사복으로 갈아입으면 모두 개성파들입니다. 취향에 따라 나름대로 여가시간을 보내는 방법이 아주 다양합니다. 여기에서 몇 가지 유형별로 나누어 대표적인 여가 활용법을 소개하겠습니다.

남는 것은 사진뿐: 관광 선호형

대부분의 신입 승무원들이 이 유형에 해당합니다. 승무원이 되고 나서 처음 2~3년간은 말로만 듣던 파리나 로마, 취리히, 마드리드, 뉴욕, 시드니, 하와이, 런던, 카이로 등등 수도 없이 많은 곳들을 가게 됩니다. 그때마다 새로운 비행근무 생활에 적응하기도 몹시 피곤할 텐데, 신입 승무원들은 너무 감격한 나머지 잠자는 시간까지 줄여가면서 구경을 다닙니다. 그리고 가는 곳마다 멋진 광경에 감탄하며 마치 내일이 지구 최후의 날인 양 이곳저곳을 배경으로 정신없이 사진을 찍곤 합니다.

그러면서 속으로는 이렇게 되뇌죠. '역시 승무원이 되기를 정말 잘했어!'라고. 몸은 비록 힘들고 지치기는 해도 생각해 보면 역시 가장 즐겁고 행복한 순간입니다.

남는 것은 사진뿐…

역시 파리는 패션의 도시: 쇼핑 몰두형

승무원들이 관광 다음으로 즐기는 것은 역시 쇼핑인 것 같습니다. 실제로 파리는 패션의 도시답게 샹젤리제를 오가는 사람들일지라도 패션 잡지에서 나온 듯한 멋진 모습의 여성들이 많이 눈에 뜨입니다. 그만큼 미적 감각이 뛰어난 사람이 많아서겠지요. 물론 수수한 옷차림을 한 사람들이 대부분이지만 길게 늘어선 거리의 멋진 상점들을 보면 파리가 패션의 도시라는 사실을 재확인하게 됩니다.

하지만 세계의 온갖 유명 브랜드를 다 모아놓은 듯한 화려함일지라도 승무원들에게는 그림의 떡인 경우가 많습니다. 가격도 가격이거니와 비싼 옷이나 물건을 사더라도 세관 통과 시 문제될 것이 뻔하니까 아예 엄두를 못 내는 것입니다. 대부분 윈도쇼핑만으로 만족을 하지만, 여름이나 겨울에 한 차례씩 빅 세일이 있을 때에는 아주 가끔 큰마음 먹고 멋진 옷을 장만하기도 합니다. 물론 아주 고가의 옷은 아니지만 파리지엔(Parisienne)의 멋이 물씬 풍겨 나는 듯한 옷을 입으면 자신도 어느새 일류 멋쟁이가 된 것 같은 기분이 듭니다.

그러나 승무원들이 무조건 고가의 물건만 선호하는 것은 아닙니다. 쇼핑을 잘하는 사람들은 세계적으로 유명한 파리의 벼룩시장을 찾아가 싼 가격으로 아주 멋진 옷이나 골동품 등을 구해 오는 경우가 많으니까요.

비록 마음에 드는 물건을 다 가질 수는 없어도 다양하면서도 진귀한 물건들을 구경하면서 안목도 높이고, 평소에 갖고 싶던 물건을 운 좋게 싼 가격에 구입할 기회가 생기면 며칠 동안 흐뭇해 하기도 합니다. 이러한 것들이 쇼핑을 즐기는 승무원들을 행복하게 만드는 작은 기쁨이라고 생각합니다.

보는 것이 힘이다: 문화 애호가형

평소에 음악이나 미술 또는 세계의 다양한 문화에 관심이 있었던 사람이라면 세계 곳곳을 다니는 승무원이라는 직업이 아주 적격이라고 생각합니다. 우리나라에서는 접할 수 없었던 여러 가지 미술작품을 실제로 눈앞에서 직접 감상할 기회도

가질 수 있고, 유명한 오페라나 음악회에도 갈 수 있으며, 역사박물관이나 자연사박물관에서 난생 처음 보는 물건들을 볼 수 있을 테니 말이죠.

실제로 루브르박물관(Musee du Louvre)이나 오르세미술관(Musee du Orsay), 퐁피두미술관(Centre Pompidou) 등에 전시된 작품 앞에서 느끼는 감동은 스위스의 융프라우나 파리의 에펠탑 밑에서 느끼는 감동에 비할 것이 아닙니다. 어렸을 때 미술책이나 백과사전에서 사진으로만 보아오던 작품들을 실제 눈앞에서 볼 때의 감격스러움은 말로 형용할 수조차 없을 정도입니다.

특히 파리에는 예술의 도시답게 수많은 미술관과 박물관이 있습니다. 세계적으로 유명한 루브르박물관만 해도 며칠에 걸쳐 관람을 해야 한다고 하니 가히 그 규모를 짐작할 수 있을 것입니다. '문화 애호가형'인 승무원들은 파리에 갈 때마다 미술관이나 박물관을 하나씩 섭렵하는 것만으로도 비행에 커다란 만족과 보람을 느낄 수 있습니다.

먹는 게 남는 것: 식도락형

미국에 비해 유럽은 식사 여건이 까다로운 편입니다. 음식도 대부분 입에 맞지 않을 뿐만 아니라 가격도 상당히 비싼 편입니다. 일전에 세계적으로도 유명한 프랑스 요리를 맛보기 위해 큰마음 먹고 고급 레스토랑에 갔던 적이 있습니다. 상위클래스 훈련 때 배운 서양식에 관한 지식을 총동원해 겨우 마음에 드는 음식을 고를 수 있었습니다. 와인도 한 잔 곁들여 우아한 분위기에서 식사를 마치고 나니 우리를 기다리고 있는 것은 엄청난 계산서뿐이었습니다. 그렇지만 외국에서만 체험해 볼 수 있는 세계 유명 요리의 맛, 일류 서비스 등은 최상의 서비스를 꿈꾸는 서비스맨으로서 값지고 가치 있는 추억이자 투자임에는 틀림없습니다. 또한 와인을 좋아하는 사람의 경우 어디서나 쉽게 싼 가격으로 음미할 수 있는 좋은 와인을 보기만 해도 가슴이 설레곤 하지요.

이처럼 승무원 중에는 세계 곳곳을 돌아다니며 그 나라의 유명한 음식을 맛보는 것을 즐기는 사람도 있습니다. 그런 사람들은 쇼핑이나 관광 대신 먹는 것으로 즐거움을 대신하는 것이겠지요. 음식은 그 나라의 역사와 문화를 배경으로 발전한다고 합니다. 세계 여러 나라의 다양한 맛을 음미하면서 그 나라의 역사와 문화를 간접적으로 체험해 보는 것도 나름대로 멋있는 취미라고 생각합니다.

미인은 잠꾸러기: 호텔 안주형

외국에 가서도 식사 때를 제외하고는 호텔 방에서 꼼짝 않고 잠만 자는 승무원도 간혹 있습니다. 관광이나 쇼핑마저 힘들고 귀찮게 느껴질 정도로 말이죠. 비행을 오래 한 탓에 몸이 많이 지쳤기 때문이죠.

어떤 승무원은 24시간 넘게 잠을 자는 바람에 하루가 더 지난 것도 모르고 호텔 픽업 시간에도 방에서 쉬고 있다가, 다른 승무원이 호텔 방으로 부르러 간 다음에서야 부랴부랴 비행 준비를 해서 나왔던 적도 있습니다. 호텔 출발시간이 다 되어 유니폼으로 갈아입고 자신을 부르러 온 동료 승무원을 보고 그 사람은 얼마나 놀랐을까요? 24시간을 넘게 자 놓고도 그냥 몇 시간만 잔 것으로 생각하고 아직도 같은 날이라고 생각했던 것입니다.

이런 사람들을 보면 잠하고 무슨 원수라도 진 것같이 보일 때도 있지만 그것도 나름대로의 건강관리일 수 있으니 뭐라고 탓할 수는 없겠지요. '미인은 잠꾸러기'라는 말을 몸소 실천하고 있는 사람들입니다.

체력은 국력: 체력관리형

승무원들이 해외에서 체류하는 호텔은 대부분 특급 호텔이므로 헬스시설이 무척 잘되어 있습니다. 해외에 나오면 관광을 가거나 쇼핑을 하면서 시간을 보내기가 쉬운데 이런 승무원들은 호텔에 있는 헬스나 수영, 하다못해 사우나라도 즐기면서 체력을 단련시키기도 합니다. 사실 국내에서는 호텔 같은 곳에 가서 따로 그러한 시설을 이용하기가 쉽지 않지만 해외에서는 호텔 이용객에게 거의 모든 시설이 무료로 제공되기 때문에 얼마든지 자신의 체력 증진을 위해 시간을 할애할 수 있습니다.

또한 승무원들 중에는 해외에서 골프나 테니스 같은 운동을 즐기는 사람도 상당수 있습니다. 특히 골프는 국내에서는 대중화되어 있지 않지만 해외에서는 저렴한 가격으로도 얼마든지 즐길 수 있기 때문에 승무원들 중에는 아예 골프채를 가지고 다니면서 즐기는 사람도 있습니다.

자신의 취미도 살리고 건강도 유지하고, 일석이조의 효과를 얻을 수 있는 좋은 습관이라고 생각합니다. 단 뙤약볕에서 하는 운동이니만큼 너무 살이 검게 타지 않도록 유의해야만 합니다. 유니폼을 입었을 때 너무 두드러져 보이지 않도록, 지나치게 선탠을 하는 것도 규정상 금지하니까요.

이외에도 사진 찍기가 취미인 사람은 세계의 갖가지 풍경을 카메라에 담기에 여념이 없고 외국어에 관심이 있는 사람은 마치 모든 외국인이 자기의 친구라도 되는 것처럼 대화 나누는 것을 즐기기도 합니다. 또한 호텔 방안에서 독서나 현지 TV시청에 몰두하며 시간을 보내는 방콕(?)형, 방에서 뒹굴뒹굴 구르기만 하는 방굴라데시(?)형 승무원도 있습니다. 이 같은 승무원들은 앞서 언급한 해외에서의 승무원 준수사항만 지킨다면 해외 체류지에서 자신의 취미나 기호에 맞는 다양한 방법으로 얼마든지 자유롭게 여가시간을 보낼 수 있습니다. 그러나 다음 비행근무를 위해 위험한 운동을 하거나 승무원의 이미지에 손상을 끼치는 일 등은 역시 엄격히 규제되어 있습니다. 무엇보다 승무원은 다음 근무를 위해 충분한 휴식시간을 갖는 것이 중요합니다.

또다시 그리운 서울로

파리에서의 하루를 멋지게 보낸 다음날 아침, K양은 어제와 마찬가지로 호텔에서 아침 뷔페를 먹어보지만 역시 어제보다는 맛이 덜한 것 같습니다. 어제는 너무 배가 고파서 모든 음식이 다 맛있게 느껴졌지만 오늘은 그다지 배가 고프지 않았던 것입니다. 집에서 먹던 따뜻한 밥 한 그릇과 김치가 생각날 뿐입니다. 아무리 국제화된 승무원일지라도 역시 입맛은 바뀌지 않습니다. 그나마 동료 승무원들과 함께 아침식사를 하면서 어제 무엇을 하며 시간을 보냈는가에 대해 서로 이야기하는 즐거움이라도 있어서 다행입니다.

드디어 오늘 밤에는 서울을 향해 출발합니다. 이때가 되면 '파리에서 하루라도 더 머물게 된다면 또 다른 멋진 추억을 만들 수도 있을 텐데 벌써?' 하는 아쉬운 마음과 그래도 집으로 돌아간다는데 날아갈 듯 기쁜 마음이 교차합니다. 그러나 무엇보다 서울로 가는 비행을 생각하면 역시 심적 부담이 생기는 것이 사실입니다. 밤 시간대에 출발하는 것이니 올 때와는 달리 밤을 꼬박 새워서 가야 하기 때문입니다.

따라서 미리 충분한 휴식을 취해 놓지 않는다면 그야말로 힘든 비행이 되고 말 것입니다. 하지만 현지 시차 적응을 너무 잘해서 그런 건지 한낮에 침대에 누워 잠을 청해 보지만 좀처럼 잠이 오지 않습니다. 한국 시간으로는 새벽 시간인데도 어느덧 이곳의 시차에 익숙해졌나 봅니다. 이럴 줄 알았으면 아침에 일어나서 호텔 수영장에서 수영이라도 하는 건데 말입니다.

K양, 침대에 몸을 누이고 잠을 청해 보지만 자꾸 뒤척입니다.

알람시계가 얄밉기만 합니다

해외 체류 시 보통 개인적으로 부탁하지 않아도 미리 알아서 승무원들에게는 호텔 출발 1시간 전에 모닝콜을 보내줍니다. 그러나 모닝콜을 받고 일어나서 비행

준비를 하기에는 시간이 턱없이 부족합니다. 여승무원들은 머리 손질, 화장이나 유니폼 등에도 특히 많은 신경을 써야 하기 때문에 보통 호텔 출발 약 2시간 전에 알람이 울리도록 미리 맞춰 놓고 잠자리에 드는 경우가 많습니다. 그래서 대부분의 승무원들은 휴대용 알람시계를 가지고 다닙니다. 하지만 가끔 깊은 잠에 빠져 있는데 시끄럽게 울어대는 알람시계를 못 이기고 마지못해 자리에서 일어나야 할 때는 알람시계를 집어던지고 싶을 때도 있습니다. 정말 알람시계가 미워지는 순간입니다.

드디어 호텔 출발 두 시간 전 미리 맞춰 놓은 알람시계가 요란스럽게 울립니다. 한참을 뒤척이다가 막판에 겨우 얕은 잠에 빠졌는데 벌써 일어나야 할 시간이라니…. 알람시계에 쫓기듯 잠에서 깨어 눈을 비비며 일어나야 하는 괴로움은 비행경력이 오래되면 없어지려나 기대해 봅니다만 옆 침대에서 잠을 자고 있던 선배 승무원도 한숨도 못 잤다며 괴로움을 호소합니다. 그렇지만 괴로움도 잠깐, 서울을 향한 준비를 서두릅니다.

선배가 샤워를 하는 동안 K양은 대충 가방을 정리합니다. 한 달에도 수십 번씩 꾸리는 짐이어서인지 익숙한 손길로 가방 구석구석을 정리하는 데 채 10분도 걸리지 않습니다. 여행 가방 빨리 싸기 같은 대회라도 있다면 1등은 문제없을 텐데 말이죠.

비행을 위한 모든 준비를 마치면 브리핑 시간에 맞춰 크루 라운지(Crew Lounge)로 내려가면 됩니다. 그리고 방에서 나올 때는 침대 베개 위에 룸 메이드를 위해 팁을 놓고 나오는 것을 잊지 않습니다.

해외에서의 브리핑 시간과 장소는 조금씩 다릅니다

해외에서의 브리핑은 서울에서와 거의 동일한 형식과 내용으로 진행됩니다만, 해외 체류지에 따라 시간이 조금씩 차이가 납니다.

승무원이 머무는 호텔에는 대부분 승무원용 크루 라운지(Crew Lounge)가 마련되어 있습니다. 그곳에서 객실 브리핑과 합동 브리핑을 마치고 공항으로 향하게 되는데 호텔 출발시간(승무원 픽업 시간)은 일률적으로 정해지는 것이 아니라 호텔에서 공항 간의 거리나 교통상황에 따라 체류지의 호텔마다 약간씩 다릅니다. 그래서 해외에서의 브리핑 시간은 항공기 출발시간을 기준으로 해서 결정하는 것이 아니라 호텔 출발시간을 기준으로 해서 정해지는 것입니다.

브리핑 후 서울을 향해 출발

호텔 출발 30분 전쯤에 브리핑 룸으로 내려오니, 다른 승무원들은 서로 파리에서 어떻게 시간을 보냈는지 그리고 서울까지의 비행은 어떠할지에 관해 한창 이야기 중입니다. 아마도 서울로 돌아간다는 생각에 모두들 몹시 들떠 있는 것 같습니다.

"편히 쉬셨습니까?" 하는 인사말에 몇몇 승무원들이 잠을 조금씩밖에 못 잤다고 불평을 하기도 합니다. 하긴 시차 적응에 익숙해진 승무원일지라도 언제나 수면 조절에 성공할 수는 없으니까요. 어쨌든 반가운 얼굴들을 마주하니 왠지 서울까지의 비행도 기운 내서 할 수 있을 것 같습니다.

브리핑을 시작하는 팀장의 첫 인사말은 역시 건강에 관한 내용입니다. 파리에서 혹시 아팠던 사람은 없는지, 감기 등의 이유로 현재 몸이 안 좋은 사람은 없는지를 물어봅니다. 역시 서비스를 제공하는 사람들에게 건강은 가장 중요한 기본 요소이기 때문입니다. 그리고 오늘의 비행은 밤 시간대에 출발하는 것이므로 승객이 휴식을 취하는 동안 수면에 방해되지 않도록 주방 내에서 작업할 때에도 특히 조용히 하고 복도를 오갈 때에도 발소리가 나지 않도록 신경 쓰라는 당부의 말씀도 잊지 않습니다.

K양, 이제 파리에서 즐거웠던 추억은 잠시 접어 두고, 근무 중 승객의 피곤함을 달래줄 수 있는 차분한 서비스를 할 수 있도록 노력해야겠다고 생각합니다. 또한 오늘 비행기에는 빈 좌석이 거의 없을 정도로 승객이 많다고 합니다. 긴 비행시간 동안 많은 승객에게 서비스를 해야 하는 승무원들에게도 매우 힘든 비행이겠지만, 빈 좌석의 여유도 없이 한자리에만 앉아서 힘들게 여행하게 될 승객들을 생각하니 더욱 열심히 근무해야겠다는 생각도 듭니다.

호텔 로비를 오가는 사람들이 눈을 마주칠 때마다 보내주는 한마디도 격려가

됩니다.

"Have a nice flight!"

"Bon voyage, mademoiselle!"

See you again, Paris!

브리핑이 끝나면 카운터에 방 열쇠를 반납하고 체크아웃(Check-out)을 합니다. 전화나 룸 서비스를 이용하지 않았다면 시간이 오래 걸리지 않겠지만, 호텔에 따라서는 간혹 체크아웃하는 데 시간이 너무 오래 걸려서 픽업 버스 타는 일이 늦어지는 경우도 있습니다. 따라서 따로 식사비나 음료비를 계산해야 될 일이 있으면 사전에 미리 요금을 지불하기도 하지요. 늘 단체생활을 하는 사람들은 나 한 사람보다는 모두를 생각해야 하니까요.

대기하고 있던 픽업 버스에 몸을 싣고 다시 또 차창 밖을 내다보니 넓은 벌판이 저녁 노을로 붉게 물들어 가고 있었습니다. 머나먼 이국 땅에서 바라보는 저녁 노을이 갑자기 원인 모를 감상을 불러일으켜서일까요?

서서히 어둠 속으로 모습을 감춰가고 있는 도시, 파리와의 또 다른 멋진 만남을 기약하면서 드디어 사랑하는 가족이 기다리고 있는 서울을 향해 첫 발걸음을 내딛습니다.

파리에서 서울까지의 비행

파리에서 서울로 돌아오는 비행은 빈 자리가 하나도 없는 힘든 비행이었지만 어김없이 멋지게 해낸 K양, 비행시간은 12시간 남짓이었다고 해도 파리의 호텔 방에서 비행 준비를 위해 일어난 시간부터 지금까지의 시간을 계산해 보면 거의 16시간 넘게 근무를 한 셈입니다. 몸은 지쳤지만 드디어 착륙을 위해 승무원석에 앉아 멀리 창밖으로 보이는 인천공항이 너무나도 반갑게 느껴지면서 벌써부터 보고 싶은 그리운 얼굴들이 하나둘 떠오릅니다. 그러다가 갑자기 어머니께 드리려고 사온 조그만 화장품 꾸러미가 생각 나 혼자서 흐뭇한 미소를 지어보기도 합니다. 하지만 이것도 잠시, 만일의 경우 일어날지도 모르는 비상사태에 대비해 긴장감을 늦추지 않고 비행기가 완전히 멈출 때까지 온 신경을 곤두세웁니다. 아마도 이러한 긴장감은 승무원의 본능인가 봅니다.

엄격한 세관검사

공항 청사에 들어와서 입국심사를 마치고 짐을 찾아 세관검사를 받기만 하면 총 3박 4일간의 파리 비행일정이 모두 끝나게 됩니다.

세계 대부분의 공항에는 승무원 전용 세관 검사대가 별도로 마련되어 있는데, 특히 국내에 입국할 때 승무원들의 휴대품목은 엄격히 제한되어 있는 편입니다. 승무원은 얼마든지 해외에서 물건을 구입할 수 있다고 생각하는 경우도 있는데 전혀 그렇지 않습니다. 예를 들어 승객들의 경우 1인당 1병의 주류는 세관 통과가 가능하지만 승무원에게는 어림없는 소리입니다. 승무원들이 휴대해서 입국할 수 있는 것은 실제로 여행에 필요하다고 인정되는 신변 잡화와 같은 물품들이 대부분입니다.

더 나은 서비스를 위해

디브리핑(Debriefing)

모든 비행근무는 무사히 도착지에 착륙하여 디브리핑을 실시하게 됩니다. 이는 비행 중 발생한 예기치 못한 일들이나 현장의 문제점들에 대해 팀원이 같이 논의함으로써 앞으로 더 나은 서비스를 추구하기 위한 것입니다.

캐빈 리포트(Cabin Report)

승무원은 근무 중에 발생한 특이사항이나 업무 수행상 개선이 필요하다고 판단되는 사항에 대해서 수시로 리포트를 할 수 있습니다. 승무원 규정이나 스케줄, VIP/CIP, 보안 및 안전, 해외 체류지 등에 관한 내용의 일반 리포트와 해외 지역에서 발병하게 되어 진료를 받은 경우에 작성하는 해외 진료보고서 그리고 기내 탑재품목(기내식 및 오디오, 비디오 포함)에 관련된 리포트와 항공기 지연이나 회항, 기내 환자 발생, 승객 좌석의 문제점 등에 관한 리포트가 있습니다.

이처럼 모든 종류의 리포트는 작게는 합리적인 업무 개선을 위해서, 크게는 고객 만족을 위한 보다 나은 서비스의 창출을 위해서 반드시 필요한 것입니다. 그러므로 모든 승무원은 기존의 업무방식이나 고객 응대 방법에만 안주하지 말고 보다 나은 서비스를 위한 창조적인 안목으로 항상 연구하는 자세를 가져야만 합니다.

나흘 만의 퇴근

K양은 파리에서 돌아오는 비행을 끝내고 어느새 서울의 하늘을 맞이합니다. 마치 또 다른 도시를 방문한 듯 서울에 도착한 기분은 늘 새롭습니다. 세관검사를 마치고 공항 청사를 나서면 13~14시간 만에 맡아 보는 바깥 공기로 가슴 속까지 탁 트이는 것 같아 기분이 상쾌해지지만, 떠나올 때보다 한결 차가워진 것 같은 날씨가 실감 나지 않아 잠시 어리둥절해지기도 합니다. 나흘 만의 퇴근인 셈입니다.

도착 후 집까지 가는 시간을 모두 합하면 20시간을 꼬박 새워 근무한 것이나 다름없습니다. 이미 몸은 녹초가 되었다고 해도 과언이 아니겠지요.

이제 이틀간의 꿈 같은 휴식이 주어집니다. 이틀 후 K양의 스케줄은 일본 오사카(大阪)로의 비행입니다. 하지만 지금은 다음 비행을 생각할 겨를도 없이 리무진에 피곤한 몸을 싣고 가족들이 기다리는 그리운 집으로 달려가고 싶은 마음뿐입니다. 서울을 떠날 때보다 한결 단풍이 짙어 보이는 길가의 나뭇잎 하나에도 까닭 모르게 정겨움을 느낍니다.

Career Woman Stewardess

3

스튜어디스, 그녀들의 숨겨진 이야기

스튜어디스, 그녀들의 숨겨진 이야기 03

제1절 스튜어디스, 그들만의 생활

K양을 따라 파리에 다녀온 소감이 어떻습니까? 파리에서 머무는 동안 역시 승무원이란 멋진 직업임을 확인하셨을 것으로 생각합니다. 그러나 한편으로는 비행근무가 화려하거나 쉽지만은 않다는 것도 느끼셨으리라 생각합니다.

지금까지의 이야기로 스튜어디스의 모든 것을 말했다고 할 수는 없습니다. 비행근무 외에도 그들만이 갖게 되는 독특한 생활 속에 얽힌 이야기들이 있습니다. 과연 어떤 모습들이 담겨 있을까요?

World Crew Network

서울에서 A양이 앵커리지(Anchorage)를 향해 출발하는 B양에게,
"Z양이 결혼한대."
앵커리지에 도착한 B양이 뉴욕(New York)을 향해 출발하는 C양에게
"Z양이 결혼한다더라."
뉴욕에 도착한 C양이 Z양을 만나,

"너 결혼한다면서?"

승무원의 세계에서는 특별한 통신수단이 필요없습니다. 전 세계에 퍼져 있는 승무원들의 입에서 입으로 전해지는 소식이야말로 가장 빠르고 정확한 뉴스니까요.

날개를 접은 지상에서의 생활

승무원은 비행 스케줄에 따라 근무하기 때문에 일반 직장인의 일상생활과는 다른 점이 많습니다. 아무래도 일요일이나 공휴일, 명절 때는 더욱 바빠지기 마련이지요. 집안의 대소사에 자주 참가하지 못할뿐더러 친구들과의 중요한 모임에도 불참하게 됩니다. 그래서 본의 아니게 왕따(?)를 당하는 경우가 종종 있습니다. 친구나 친척들은 승무원의 생활이 얼마나 바쁘고 불규칙적인가를 이해해 주기보다는 그냥 무심한 것으로 생각해 버리고 나중에는 아예 연락조차 하지 않게 되기 십상이니까요. 이러한 어려움을 극복하기 위해서는 무엇보다 평소에 안부 전화도 자주 하고 모임에도 자주 참가하려는 노력이 필요합니다.

그렇다고 승무원의 생활이 반드시 외로운 것만은 아닙니다. 요즘은 어디를 가나 사람들로 북적대 심신이 피곤해지기 쉬운데, 승무원같이 스케줄 근무를 하는 사람들은 평일에 느긋하게 쇼핑이나 영화 관람 같은 것을 할 수 있습니다. 사람들이 몰려드는 주말을 피할 수 있어 어디를 가나 인파 걱정을 할 필요가 없다는 이야기입니다. 그래서 이런 사정을 모르는 사람들로부터는 가끔 '백수'라는 오해를 받기도 합니다. 그렇더라도 다른 사람이 열심히 일하는 한낮에 편히 쉬며 하고 싶은 일들을 한가롭게 하는 것도 상당한 즐거움이라고 할 수 있습니다.

제 버릇이 어디 가나요

모든 승무원이 어디에서든 눈에 보이는 대로 닦고 정리해야 직성이 풀리는 증세를 갖고 있다면 '직업병'이라고 해야 할까요?

좁은 비행기의 주방 안에 이것저것 많은 서비스용품을 정리해 넣어야 하는 일을 해서인지 스튜어디스라면 누구나 무엇이든 줄이고 끼워 넣고 정리하는 데 선수입니다.

모처럼 친구들과 만난 카페에서 커피잔과 냅킨이 여기저기 놓인 테이블을 자신도 모르는 사이에 한쪽으로 잘 정리해 놓고, 테이블 위를 이미 사용한 냅킨으로 박박 깨끗하게 닦고 있노라면 친구들이 한마디씩 던집니다.

"직업은 못 속이는구나."

그뿐만 아닙니다.

한정된 공간의 비행기 안은 쓰레기 처리 문제가 매우 심각하기 때문에 빈 맥주캔을 버리기 전에는 반드시 한 손으로 꽉 눌러 부피를 줄이는 것은 기본입니다. 미팅을 하는 자리에서 다 마신 맥주 캔을 자신도 모르게 한 손으로 우그러뜨리는 스튜어디스의 모습은 상대방으로 하여금 위압감을 주기에 충분하겠지요?

멋진 승무원 부부

전체 스튜어디스에 비하면 스튜어드는 인원 수가 적습니다. 그래서 한 팀을 이루어 비행을 할 때 스튜어드는 2명 혹은 1명에 불과합니다. 이 때문인지 입사한

지 얼마 되지 않은 스튜어드는 모든 스튜어디스의 눈길을 받게 마련입니다. 이런 이유에서일까요? 스튜어드와 스튜어디스의 결혼은 뭐 그리 놀랍지 않은 일이 되어 버렸습니다. 이미 많은 승무원 부부가 탄생했으니 말입니다. 많은 스튜어디스의 시선을 한 몸에 받는 멋진 스튜어드라면 과연 어느 스튜어디스와 결혼에 골인할지가 관심사가 되기도 합니다.

가정에서도 프로

맞벌이 부부의 가사 분담

스튜어디스로서 주부, 아내, 엄마 등 1인 다역을 해낸다는 것은 상당히 힘든 일입니다. 남편이나 가족들과 떨어져 있는 시간이 많은 것도 그렇고 불규칙한 생활로 인해 다른 가족들에게 불편함을 주기도 합니다. 그래서 본인은 물론이고 가족들도 어지간한 인내심을 갖지 않고는 두 가지 생활을 병행해 나가기가 힘이 듭니다.

하지만 의외로 많은 승무원들이 이러한 생활을 잘 해나가고 있습니다. 물론 집을 비우는 시간이 다른 직장 여성보다 많을 수밖에 없지만, 반대로 집에서 하루 종일

쉴 수 있는 휴식시간은 오히려 더 많은 편입니다. 더욱이 승무원들은 타인에게 봉사하는 것이 몸에 밴 사람들이므로 집에서도 아주 열심히 가정생활을 해나가고 있습니다. 남편들이나 다른 가족들도 적극적으로 가사 분담을 하는 경우가 많습니다.

시부모님의 사랑도 독차지

결혼을 하고 비행을 하는 스튜어디스들 중에는 남편과 단란한 신혼생활을 하는 사람들도 있지만 시부모님을 모시고 사는 사람들도 많습니다. 한 달이면 거의 반 이상 해외에 나가 있는 스튜어디스 며느리를 이해해 주시는 시부모님께 늘 고마움을 갖고 비행하는 동료들도 많이 보았습니다.

결혼한 스튜어디스의 이야기를 들어보면 시부모님 사랑을 독차지하고 있다는 것을 알 수 있습니다. 직장생활 때문에 아무래도 가정생활에 충실하지 못할 것임에도 불구하고 시부모님의 사랑을 독차지하는 이유는 무엇일까요?

무엇보다 그들의 센스가 살림살이에서도 발휘되기 때문입니다. 예를 들면 더운 여름날 외출하고 돌아오는 시아버지께 찬 물수건을 현관에서부터 얼른 드리고, 냉장고에 차게 넣어 놓은 유리잔에 시원한 음료를 담아 대접하는 센스야말로 시부모님을 감동시키기에 충분합니다. 그뿐인가요? 언제나 웃음을 잃지 않는 상냥함과 애교스런 말씨 덕분에 어디서나 칭찬이 대단하다고 합니다. 불특정 다수의 승객을 감동시키는 스튜어디스에게 사랑으로 얽힌 가족을 감동시키는 것은 그리 어렵지 않은 일입니다.

동기생과 함께 최고의 집들이를 준비합니다

스튜어디스는 일등석에서 서비스와 주방일까지 경험하다 보니 집안일을 민첩하게 해내는 것은 물론이요, 스스로 서양식 메뉴를 짜서 손님을 대접할 수 있을 정도로 준요리사가 됩니다. 집에서 하는 집들이의 경우 입사 동기생 몇 명만 불러 도움을 받으면 더할 나위 없이 완벽한 일류 레스토랑을 연출할 수 있습니다.

밝고 친절한 서비스 매너에, 아마추어이지만 정통 서양식을 비슷하게 흉내 낸 음식 솜씨, 센스 있는 테이블 세팅 등이 빛납니다. 만능 재주꾼 스튜어디스는 비행뿐만 아니라 가정에서도 프로입니다.

제2절 스튜어디스의 고민거리

스튜어디스라는 직업이 세련되고 화려해 보이지만 그 이면에는 세계의 하늘을 무대로 근무하며 겪게 되는 어려움들이 있습니다. 여기에서는 승무원들의 고민거리를 진솔하게 이야기하려 합니다. 그들의 실제 생활을 이해하는 데 많은 도움이 되었으면 합니다.

스마일과의 전쟁

웃는 것이 고민이라고 한다면 '그냥 웃으면 되지, 웃는 것이 뭐 그리 힘든 일이냐'고 반문할지 모르겠습니다. 이는 비단 승무원만의 문제가 아니라 웃음을 잃어가고 있는 현대 사회 모든 사람들의 고민거리이기도 합니다.

승무원에게 가장 힘든 일은 항상 웃는 얼굴을 지니는 것입니다. 비행근무 중 항상 미소를 지녀야 할뿐더러 개인적으로 속상한 일이 있을 때나 힘든 일을 겪게 되었을 때도 일단 유니폼을 입고 나면 그런 걱정들을 모두 잊고 웃어야 합니다.

그래서 무척이나 힘들 때도 있습니다. 그런 때는 '내가 과연 이렇게까지 해서 회사를 다녀야 하나?'라는 생각이 들기도 합니다. 그러면서도 '아! 내가 이제 프로구나' 하는 생각이 드는 것이지요. 속으로는 괴롭고 화나는 일이 있어도 겉으로는 생글생글 웃어야 하는 프로의 길은 정말 멀고도 험한 것 같습니다.

서양에서만 통하는 스마일

비행한 지 1년이 지나고 국제선으로의 비행 기회도 늘면 나름대로 국제시민이라 자부하게 됩니다. 처음에는 어색했던 스마일은 굳이 연습할 필요가 없을 정도로 자연스러워졌고, 해외 어디를 가도 지나치는 외국인들과 가벼운 눈인사, 짧은 미소 정도는 자연스럽습니다. 사람들과 눈을 마주치며 인사하는 것(Eye Contact)도 그다지 어려운 일이 아니었습니다.

그러던 어느 날 오랜만에 시내에서 동창들을 만나 같이 식사도 하고 카페에서 차를 마시면서 얘기하다가, 어느 순간 다른 테이블의 한 남자분과 눈이 마주쳤습니다. 물론 저는 비행기 내에서나 외국에서처럼 그 사람에게 가볍게 미소를 보였습니다. 그런데 그분은 이상하다는 듯한 표정으로 한참 저를 쳐다보더니 급기야 저에게 다가와 이렇게 말하는 것이었습니다.

"저를 아십니까? 저는 기억이 없는데…"

스튜어디스의 스마일은 아직은 서양에서만 통하는가 봅니다.

무대 뒤에서의 고통

걸어서 뉴욕까지 가보셨나요?

이제 우리의 민간 항공기는 세계 어디로나 취항하고 있습니다. 그중 가장 긴 시간의 비행 구간은 서울에서 뉴욕 구간일 것입니다. 계절에 따라 약간의 시간 차이는 있지만 보통 14~16시간 이상 직항으로 날게 됩니다. 그동안 승객을 비롯한 승무원들은 비행기의 좁은 공간 속에서 자신과의 싸움을 벌이게 됩니다.

오래전 어느 신문을 통해 국제만화경진대회에서 1등을 차지한 만화작품을 본 적이 있습니다. 승객들은 온통 팔과 발이 묶여 꼼짝 못한 채 좁은 좌석에 앉아 있는데, 한 스튜어디스는 음료 카트(Cart)를 끌며 우아하게 기내 복도를 걸어가고 있는 그림이었습니다. 아마 장거리 비행 중 좁은 좌석에 앉아 있어야만 하는 승객들의 고통을 표현한 그림이었으리라 생각합니다.

승객은 승객대로 그나마 움직이며 걸을 수 있는 승무원을 부러워하고, 승무원들은 승무원들대로 눈을 감고 잠을 청하는 승객들이 한없이 부럽게 보일 때도 있답니다. 승무원들은 걸어서 뉴욕까지 가는 셈이니까요.

스튜어디스는 다이어트 중입니다

스튜어디스는 모두 날씬해서 다이어트가 특별히 필요 없다고 대부분의 사람들은 생각합니다. 물론 대부분의 스튜어디스들은 늘씬한 체구로 비만인 사람은 거의 찾아보기 힘듭니다. 그렇지만 상당수의 승무원들은 늘 다이어트에 신경 쓰고 있답니다.

더욱이 대부분의 스튜어디스들이 입사할 때보다 비행하면서 체중이 늘어나 고민하는 속사정은 아마도 모르실 것입니다. 1년에 한 번 신체검사를 실시하는데 적지

않은 승무원들이 체중 측정 때문에 스트레스를 받기도 합니다.

체력 소모가 많은 업무를 하면서도 승무원들이 배가 나오고 살이 찌는 데에는 여러 가지 이유가 있습니다. 비행 중에는 특별히 먹은 것이 없어도 헛배가 불러 물만 마시게 되는 경우가 많습니다. 그런데 착륙 후 호텔에 들어가 잠을 청할 때쯤이면 헛배가 꺼지면서 갑자기 허기가 밀려옵니다. 잠을 이룰 수 없을 정도로 말이죠. 그래서 하염없이 먹고 나서 바로 잠을 잘 때가 많습니다. 이와는 반대로 고단백 음식들인 기내식의 유혹을 뿌리치지 못하고 이것저것 먹거나, 피부나 체내의 건조함을 막기 위해 물까지 많이 마시는 승무원들은 과체중이 되기 쉽습니다. 하지만 무엇보다도 가장 큰 이유는 바이오리듬이라고 하는 우리 신체의 규칙적인 움직임을 전혀 무시한 채 생활하게 되는 승무원의 생활방식이 나머지의 모든 영양소를 체지방으로 만들기 때문일 것입니다.

스튜어디스는 마스크를 쓴다(?)

"혹시 마스크 쓴 것 아냐?"

많은 분들이 승무원들에게 농담조로 하는 말입니다. 장거리 비행 동안에 스튜어디스들의 한결같은 화장에 대한 말이죠. 무슨 좋은 화장품을 쓰기에 어디 하나 흐트러진 데 없이 오랜 시간 같은 화장을 유지할 수 있느냐고.

무엇보다 비행 중 수시로 화장상태를 점검하기 때문입니다. 장거리 비행에 지치고 피곤한 승객들에게 힘들고 지친 모습을 보인다면 어떻겠습니까? 오히려 더욱 밝고 산뜻한 모습으로 승객을 응대하기 위해 늘 거울을 보며 자신의 모습을 점검하는 것이지요. 결코 특별한 화장품을 쓰는 것은 아닙니다.

옷에는 늘 향이 묻어 있습니다

"아이고, 이 옷은 왜 이렇게 향내가 나는지 통 안 빠지네요."

유니폼을 세탁해 주시는 분들은 세탁이 덜 되었다고 저희가 불평할까봐 그러는지 꼭 한마디 먼저 합니다. 그분의 잘못이 절대 아닌데 말이죠. 그 이유는 바로 스튜어디스의 필수품인 향수 때문입니다.

여러분께서는 비행기 안의 독특한 냄새를 아십니까? 승무원 생활을 마치게 되면 그 냄새가 그리워진다고들 하지만, 스튜어디스라면 누구나 상쾌할 리 없는 그 비행기 냄새를 무찌르기(?) 위해 향수를 하나씩 사용합니다. 그것도 아주 향이 강한 향수로 말입니다.

처음에 향수 냄새에 익숙하지 않은 신입 승무원의 경우 은은한 향을 선택하게 되지만 시간이 갈수록 그 향은 점점 짙어지게 마련이지요. 또 비행할 때마다 자꾸 사용하게 되니까 언제나 옷에 그 향이 배어 있을 수밖에요.

무수히 까만 밤을 하얗게 보냅니다

대학 입시를 준비하던 때에는 낮이건 밤이건 어디에서든 잠이 쏟아져 고민이었는데 승무원이 되고 나서는 잠을 자두지 못해 고민한 적이 한두 번이 아닙니다. 잠을 자두는 것도 비행 준비를 위한 절대 절명의 의무이므로 보통은 비행근무 전날에, 출발시간이 늦다면 당일 낮부터 픽업(Pick-up) 시간 전까지 자두어야 하는데, 그 시간이 한국 시간으로 밤 시간이 아닌 바에야 잠이 올 리가 없습니다. 그래도 10시간이 넘는 장거리 비행 동안 한숨도 못 잘 생각을 하면 조금이라도 자두어야 한다는 비장한 각오로 침대에 누워보지만 이내 불면에 시달리게 됩니다.

1부터 1,000까지 숫자를 세어보기도 하고 혹여 잠이 올까 싶어 외국 텔레비전 대담 프로를 틀어보기도 하지만 역시 허사입니다. 다른 승무원들에게 방해될까 싶어 어디 전화도 못 하고 이리저리 뒤척이다 보면 벌써 일어나 준비해야 할 시간이 되고 그때부터 쏟아지는 졸음이란! 이렇듯 까만 밤을 하얗게 보낸 날이 무수히도 많습니다.

그들만의 직업병(?)

항공성 중이염

승무원들이 두려워하는 것 중 하나는 아마도 감기가 아닌가 싶습니다. 어느 승무원이건 시공의 차이를 극복해야 하는 근무형태 속에서 일 년 내내 감기 한 번 걸리지 않고 건강하게 비행을 한다면 분명 슈퍼맨급 승무원임에 틀림없습니다. 사실 적지 않은 승무원들이 철마다 감기로 고생하는 경우가 많습니다. 서울에서 걸린 감기야 병가(病暇)를 신청해서 며칠간 휴식을 취할 수도 있겠으나, 해외에서 감기에 걸리면 참으로 어려움을 겪게 됩니다. 병이 다 나을 때까지 혼자 외국에 남아 있을 수도 없는 노릇이고, 어쩔 수 없이 스케줄에 따라 서울까지 오게 되는데, 감기로 인한 귀 통증이 여간 고통스러운 것이 아닙니다. 비행 중에는 그런대로 견딜 만하지만 기압차가 생기는 이착륙 시에는 귀가 찢어질 듯 아파옵니다. 이러한 고통은 항공성 중이염으로 인한 것인데, 한 번쯤 경험해 본 승무원이라면 감기를 제일 무서워하게 됩니다. 그래서 미리 감기 예방주사를 맞기도 하는 등 건강관리에 각별히 유념하는 것이지요.

시차 적응

한 시간의 시차는 하루가 지나야 회복된다고 합니다. 그러니까 일곱 시간의 시차가 있는 곳에 다녀올 경우 일주일은 지나야 원상 복귀가 가능하다는 이야기지요. 지금까지 시차 적응에 관한 이야기를 종종 해왔지만 이것은 말처럼 그리 간단한 문제가 아닙니다. 한 달에 몇 번씩 시간대가 다른 곳을 다니다 보면 잠을 제대로 자두지 못해 야행성 생활을 하거나 시도 때도 없이 찾아 드는 졸음 때문에 힘이 듭니다. 때때로 머리가 멍해 오면서 무엇을 하든지 능률이 떨어지고 집중력도 떨어져 한 가지 일에 몰두하기가 어렵습니다. 아무리 쉬고 수면을 취해도 항상 피로함을 느낍니다.

따라서 스스로 시간관리에 신경을 쓰지 않으면 오랜 비행생활은 불가능해집니다. 시차를 극복하기 위해 가급적 서울의 시간에 맞추어서 생활하고, 가벼운 낮잠 등으로 수면의 부족을 메워 피로의 누적을 막는 것이 좋다고 선배들은 조언해 주기도 합니다. 하지만 낮잠으로 시간을 보내는 것은 스스로도 도저히 용납되지 않는 경우가 있습니다. 특히 반짝이는 햇빛이 눈부시다 못해 찬란하기까지 한 샌프란시스코(San Francisco)나 시드니(Sydney), 호놀룰루(Honolulu) 같은 해양 도시에서는 어두운 호텔 방에서 잠을 잔다는 것이 마치 죄를 짓는 듯한 기분이 들게 할 때도 있으니까요.

그래서 과감하게 호텔 밖으로 나가 해변으로 놀러도 가고 여기저기 돌아다니기도 하지만 터져 나오는 하품을 참기란 여간 큰 고역이 아닙니다. 한국 시간으로는 한창 꿈나라에 가 있을 시간에 에너지 소모를 이토록 많이 하고 있으니 어쩌면 당연한 현상인지도 모르겠습니다. 주변의 외국 사람들은 '도대체 어젯밤에 뭘 했기에 저렇게 하품을 해대는 걸까?' 하는 눈초리로 쳐다보는 것만 같아 민망스럽기도 합니다. 그리고 때로는 밝은 태양이 도리어 짜증스럽게 느껴지기도 하는 것은 시차 적응에 실패했을 때 오는 증세임이 분명합니다.

수시로 시간 변경선을 넘나들면서 아침은 서울에서, 저녁은 뉴욕에서 먹는 식의 승무원 생활은 언뜻 보면 멋있고 화려해 보이지만, 시차와의 싸움을 이겨낼 수 있는 건강한 체력이 뒷받침되어야만 가능하다는 사실을 또 한 번 잊지 마십시오.

허리 디스크와 어깨 통증

사실 승무원 중에는 허리 디스크나 어깨 통증 등으로 고생하는 사람이 적지 않습니다. 이렇게 승무원들이 허리나 어깨 통증을 호소하는 것은 10,000m 상공에서 일하는 것이 보통 지상에서 일하는 것보다 3배 이상의 에너지를 필요로 해서인지 무리가 빨리 가기 때문이라고 합니다.

선배 중에 허리 디스크로 한동안 통원 치료를 받던 분이 있었습니다. 그 선배가 드디어 치료를 끝내고 다시 비행근무를 하게 되었는데, 해외에 나가서 날씨가 조금만 흐려도 허리가 아프다며 "비가 오려나? 빨래 걷어라" 하는 식의 농담을 자주 했었습니다. 물론 재미있으라고 한 소리였겠지만 본인은 정말 괴로웠을지도 모른다는 생각이 듭니다. 이러한 상황을 예방하기 위해 승무원들은 평소에 건강 및 유연성을 유지해야 하며 매일 규칙적인 운동을 하는 것이 바람직합니다. 허리를 지지해 주는 근육과 관절을 튼튼하게 하는 체조를 한다면 더욱 효과적이겠죠.

그리고 건강 유지를 위해 해외에 나가서도 꾸준한 운동과 규칙적인 식사를 한다면 정년퇴직 때까지도 아주 건강한 모습으로 비행하는 자신의 모습을 발견하게 될 것입니다. 그리고 또 한 가지 중요한 것은 비행기 내에서 일할 때 허리나 어깨에 무리가 가지 않도록 안전한 자세를 취해야 한다는 점입니다. 연약해 보이는 사람이 비행 중 자신의 힘(?)만 믿고 갑자기 무거운 물건을 번쩍 들어 올리는 것을 보면 깜짝 놀랄 때가 많습니다. 열심히 일하는 것도 좋지만 기내에서의 맥주 한 박스는 지상에서의 맥주 세 박스와 동일한 무게라는 사실을 잊어버렸나 봅니다.

항공성 건망증

승무원들에게 "현재 자신이 앓고 있는 직업병에는 어떤 것이 있습니까?"라는 질문을 던진다면 대다수의 승무원들은 서슴없이 '항공성 치매'라고 대답할 것입니다.

이것이 정말로 어느 만큼의 의학적 근거를 가진 말인지 확신할 수는 없지만, 실제로 비행을 1~2년 하다 보면 자신도 모르는 사이에 건망증세가 심각해짐을 느끼게 됩니다.

예전에는 달달 외던 친구들 전화번호도 생각이 잘 나지를 않고, 승객이 방금 전에 주문한 음료수가 콜라인지 주스인지도 헷갈리고, 영어 자격시험을 치르기 위해 며칠 밤을 공부해도 단어조차 외우기 힘들어질 때가 많습니다. 시차 때문에 머리는 늘 멍해져 있고 기내의 산소 부족으로 뇌세포도 점차 죽어가는 것 같은 기분이 듭니다. 스스로 생각해도 안타깝기 그지없습니다.

물론 나이가 점점 먹어 가기 때문에 어쩔 수 없는 현상이라고 할지는 몰라도, 대다수의 승무원들이 이러한 현상을 호소하는 것을 보면 건망증에 얽힌 재미있는 이야기나 하면서 그냥 가볍게 지나치기에는 다소 심각한 문제가 아닐까요?

탈모 증세

이외에 탈모 증세도 무시할 수 없습니다. 흔히들 비행을 오래 하면 머리카락이 점점 많이 빠진다고들 합니다. 실제로 비행경험이 많으신 분들을 보면 사실인 듯합니다. 입사할 때 찍은 사진과 비행근무 몇 년 후의 사진을 보면 확연히 다른 것을 알 수 있으니까요.

이러한 탈모 증세는 지상과 항공기 내의 기압차에 의해 생기는데 10,000m 상공의 기내에서의 기압이 지상보다 낮은 데 따라 모공이 벌어지기 때문이라고 합니다.

이 때문에 선배들은 신입 승무원들에게 비행기에서 내리자마자 머리를 감지 말라는 충고를 해주기도 합니다.

또한 쪽머리를 할 때 고무줄로 너무 세게 묶지 말고 비행이 끝난 후 호텔에서 쉬는 동안 남는 시간을 이용해 두피 마사지와 헤어 트리트먼트를 해주기를 권유하기도 합니다.

빗질을 자주 하면 머릿결도 좋아지고 두피 마사지의 효과도 있습니다. 혈액 순환과 두피의 더러움 제거를 돕기 때문입니다.

제3절 무대 위에서의 해프닝(Happening)

승무원이 하루 동안의 비행근무 중 수백 명의 문화와 생활양식이 다른 사람들을 만나는 과정에서 생기는 많은 이야기와 전문 서비스맨이 되기 위해 극복해야 하는 과정에서 생기는 실수담들이 있습니다. 동료 승무원들과 나누었던 그 뒷이야기 몇 가지를 소개함으로써 여러분들이 스튜어디스라는 직업을 보다 친숙하게 느끼고 가까이 다가갈 수 있게 되기를 기대합니다.

첫 비행에서 승객과의 첫 만남

엄격한 신입 훈련을 마치고 흥분된 마음으로 유니폼을 입고 첫 국제선 비행근무를 떠나는 C양.

기대만큼이나 가득한 불안감을 안고 로스앤젤레스행 비행기에 오른 C양은 "신입 승무원은 밝은 인사와 웃는 얼굴만 제대로 하고 있어도 합격입니다"라는 훈련 강사의 말을 되새기며 비행기 입구에서 "어서 오십시오." 하는 인사말과 스마일을 계속 연습하며 손님과의 첫 만남을 준비하고 있었습니다. 드디어 승객 탑승이 시작되었습니다. 그러나 온통 외국인뿐 "어서 오십…. 어, 아니잖아." 순간 무척 당황스러웠고 도무지 영어가 나오지 않았습니다. 그저 어색하게 웃으며 손님을 맞이하고 말았습니다. 외국인 승객들이 벙어리로 생각하지 않았을까 걱정이 될 정도로 말입니다. 처음의 인사부터 당황하기 시작하니 매사 자신감이 없어지고, 그 이후에는 계속 허둥대기만 했습니다. 선배로부터는 일하는 데 방해가 된다며 꾸지람까지 들었습니다. 로스앤젤레스까지의 긴 비행시간 내내 한 일이라고는 카펫(Carpet)에 걸려 넘어져 승객에게 웃음거리가 된 일, 백발의 미국인 노신사의 베이지색 바지에 커피를 쏟아버린 일 뿐이었다고 합니다.

겨우 로스앤젤레스에 도착해서 앞서 걷고 있는 선배의 뒤를 힘없이 따라가고 있는데 조금 전에 커피를 쏟아버린 노신사가 공항 출구에 서 계셨습니다. 순간 C양은 비행기에서의 일 때문에 그분을 못 본 체하려고 했습니다. 그러나 그 노신사는 "귀여운 승무원 아가씨!" 하고 부르며 C양을 불러 세웠습니다. 그리고 나서 부드러운 목소리로 "아가씨, 당신은 열심히 하니까 곧 훌륭한 여승무원이 될 거예요." 하며 웃으셨습니다. 그의 바지는 여전히 커피 자국으로 얼룩져 있었지만 말이죠. C양은 그저 눈물을 글썽이며 "생큐(Thank you), 생큐"라고만 말할 뿐이었습니다.

지금 그분이 어디서 무엇을 하고 있는지 또 언제 다시 만날 기회가 있을지 모르겠지만, 그분 덕택에 계속 승무원으로 근무할 수 있는 용기를 얻었다고 합니다.

스튜어디스에게 첫 비행, 승객과의 첫 만남은 그렇게 빨리 끝이 나지만 인간상호간의 따뜻한 마음, 소중한 만남은 오랜 기억으로 남게 됩니다.

호출 버튼 소리를 들을 수 있어야 진정한 승무원이 됩니다.

"사람은 자기가 듣고 싶어 하는 얘기만 듣고, 보고 싶어 하는 것만 보기 마련이다"라는 말이 있습니다. 비행을 하다 보면 이 말이 정말 실감나게 느껴질 때가 많습니다.

비행기를 타보신 분들은 잘 아시겠지만 승객의 좌석에는 승객이 필요할 때 언제든지 부를 수 있는 승무원 호출 버튼이 장착되어 있습니다. 승무원들은 항상 기내 순회를 하고 있기 때문에 굳이 이 버튼을 눌러 승무원을 부르는 경우는 없지만, 종종 사용하는 경우가 있습니다.

승객이 일단 버튼을 누르게 되면 갤리 내에서 "딩동" 하는 소리가 울립니다. 그 소리가 너무 작아서 처음 얼마간은 선배가 매번 가르쳐주어야만 들을 수 있었습니다. 그러고는 속으로 '저 선배는 어쩌면 저렇게 귀가 밝을까' 하고 신기해 했던 적도 많았습니다. 하지만 얼마 지나서 드디어 제 귀에도 승객 호출 소리가 정확하게 들리기 시작했습니다. '나도 이제 진짜 승무원이 되어가는구나' 하는 생각에 가슴이 뿌듯해져 왔습니다. 승무원의 눈이나 귀에는 정말로 승객이 불편해 하시는 모습이나 목소리가 가장 먼저 와 닿는 것 같습니다. 특별히 시력이나 청력이 좋아서가 아니라 진심에서 우러나오는 고객에 대한 관심 때문이겠지요.

아주 특별한 승객

비행기에는 VIP, CIP 등 유명 인사나 항공사 이용 실적이 좋은 우수 회원 고객의 경우 특별 고객으로 분류되어 서비스를 받게 됩니다. 세계 여러 항공사가 고객 서비스에 대한 새로운 경쟁시대에 돌입한 요즈음 특별 고객에 대한 서비스는 더욱 치열할 수밖에 없습니다.

고객만족을 넘어 고객감동의 시대로 가는 시기에 승객에 대한 특별한 대접은 끝이 없으리라 생각합니다. 그 외에도 항공사마다 유아를 동반한 승객이나 초행길인 승객, 연로하신 승객들을 위해 특별한 서비스를 제공하기도 합니다.

정말로 아찔한 순간들

기체 요동(Turbulence)

비행 중 한번쯤 꼭 만나게 되는 기체 요동은 공기의 흐름이 불안정한 지역에서 보이는 일종의 난기류 현상에서 발생됩니다. 하늘을 나는 비행기는 대기 흐름의 영향을 많이 받는데, 이 흐름이 일정하지 않은 지역을 통과할 경우 기체 요동이나 항공기의 순간적인 급상승 혹은 강하 같은 현상이 발생하기도 합니다. 비행기 요동은 예상된 경우와 그렇지 못한 경우가 있다고 합니다. 문제는 기상 예보나 기상 레이더에도 잡히지 않고 눈에 보이지 않는 예측할 수 없는 경우입니다. 말 그대로 마른 하늘에 날벼락인 셈입니다. 마치 놀이공원의 바이킹을 탄 것과 다를 바가 없답니다.

대양주 비행에서의 일입니다. 그날도 어김없이 식사 서비스 중 비행기가 갑작스레 고도를 낮춰 낙하하는 바람에 비행기 안은 그야말로 아수라장이 되었습니다. 커피 서비스 중이던 승무원들이 커피를 쏟은 것은 물론이요, 갤리마다 기물이며 음식이 날아다니고, 식사 중에 벨트를 매지 않았던 승객들은 기내식 트레이(Tray)와 함께 기내 천장으로 올랐다가 내려오기도 했습니다.

이러한 기체 요동 후에도 승무원들은 자신의 안전보다는 승객의 안전을 더 염려

하여 다치신 승객이 있는지 재빨리 기내를 순시했습니다. 어떤 여승무원은 천장에 머리를 부딪쳐 피가 나는데도 다치신 승객을 치료하느라 여념이 없었다고 합니다. 승객과 승무원은 한배를 탄 공동운명체임을 다시 한 번 확인하게 됩니다.

요즘 해외여행이 일반화되었음에도 불구하고 아직까지 기체 요동의 위험성에 대한 인식은 보편화되지 않은 것 같아 안타깝습니다. 비행기에서도 좌석벨트를 상시 착용하는 습관이 일반화되었으면 하는 바람입니다. 지상에서나 공중에서나 안전벨트는 생명 벨트이니까요.

안개로 인한 회항과 연착

어스름한 새벽녘에는 세계 공항들마다 가끔 안개로 뿌옇게 덮여 비행기가 착륙하지 못하는 경우가 있습니다. 장거리 비행을 마치고 목적지에 도착하는 기쁨도 잠시, 급기야 기내에 안내방송이 나오게 되면 목적지까지 다 왔는데도 내릴 수 없다는 데 대해 승객들은 물론이고 승무원들도 실망스러워합니다.

어느 정도 상공을 돌다가 착륙하는 경우도 있지만, 다른 공항에 착륙하여 도착지의 날씨가 개일 때까지 기다리는 경우가 대부분입니다. 승객과 승무원은 지친 몸을 이끌고 또 한번 비행기 안에서 몇 시간을 같이하게 되는 것이니, 최종 도착지 공항에 착륙할 때 승객과의 헤어짐은 더욱 아쉽습니다.

승객과 함께하는 감동의 순간들

들것(Stretcher)에 실려 탑승한 승객

언젠가 승객이 탑승하기 전에 미리 몇 사람의 지상 직원이 올라와 좌석 몇 개를 젖히고 그 위에 간이침대를 만드는 것을 보았습니다. 순간 '몸이 많이 불편한 환자 승객이 탑승하는구나' 생각했습니다. 동시에 무거운 책임감이 느껴졌습니다.

곧 승객이 여러 사람의 도움으로 준비된 침대 위에 눕혀졌고 간호사 한 분이 함께 탑승하는 것을 보고 비로소 안심하였습니다. 긴 비행시간 내내 누워 있어야 하는 승객의 고통을 생각하니 무엇을 어떻게 서비스해야 할지 몰라 당혹스러웠습니다. 그저 우리가 할 수 있는 일은 환자를 간호하는 분을 자주 찾아가 도와드릴 일이 없는지 물어보는 것뿐이었습니다.

비행 중에는 이렇게 안타까운 마음만으로 서비스하게 되는 경우도 있습니다.

긴급 환자

몇 년 전 기내에서 긴급 환자가 발생한 경우가 있었는데, 그 기내에는 의사가 탑승하고 있지 않아 다른 비행기에 탑승한 의사와의 통신으로 그 환자를 어려움에서 구출한 경우가 있었습니다. 가끔 장거리 비행을 하다 보면 긴급한 환자가 발생하는 경우가 종종 있습니다. 이때 팀장은 먼저 기내에 의사가 탑승했는지 알아보기 위해 방송을 하게 됩니다.

또 한번은 프랑크푸르트(Frankfurt)행 비행기에서 복통을 호소하는 환자가 있었습니다. 다행히 기내에는 의사 몇 분이 탑승하고 있었습니다. 환자는 30대의 한국인으로 탈수 증세가 심했습니다. 알고 보니 비행기 탑승 전부터 음식을 잘못 먹어 속이 불편한 상황이었다고 합니다. 결국은 기장과 팀장의 승인하에 의사만이 개봉하여 사용할 수 있는 응급약 키트(Emergency Medical Kit, 비상 의료용구)를 열어 그 안의 포도당을 승객 좌석 선반에 매달고 승객에게 주사하였습니다. 그 후 팀장과 의사는 지속적으로 그 승객을 돌보았고 4시간쯤 지나자 다행히 회복 기미가 보였습니다. 승객에게 그제야 따뜻한 차 한 잔을 서비스했는데 참으로 의미 있는 음료 서비스였습니다. 후에 수고해 주신 의사분께는 작지만 정성 어린 선물로 감사의 마음을 전하였습니다.

만취 승객

"67A 좌석 승객에게 술은 서비스하지 마십시오"와 같은 메모가 갤리(Galley)마다 붙었습니다.

승객 중에는 탑승하자마자 코냑(Cognac), 위스키 할 것 없이 승무원에게 요구하여 드신 후 이내 만취하는 경우가 있습니다. 그 승객 담당 구역의 승무원이 더 이상의 술 서비스가 곤란하다고 판단하여 승객에게 그만 드실 것을 권유하면 다른 구역의 갤리로 가서 요구하여 드시기도 합니다.

여러분께서도 아시다시피 비행기에서의 음주는 지상에서보다 2~3배로 취기가 빨리 느껴집니다. 승무원들은 이러한 승객들이 불쾌하지 않도록 술 서비스를 자제시키려 하는데 담당 구역 안에서만으로는 힘이 들기 때문에 보통 전체 객실 내의 승무원들에게 알려 승객의 안전에 만전을 기하고 있습니다.

아기의 탄생

비행기에서 아기가 태어난다면 그 아기의 국적은 어디일까요? 가끔은 이러한 궁금증을 갖게 됩니다. 하늘에서의 아기 탄생이라…. 기내 여건을 누구보다도 잘 알고 있는 저희들 같은 사람들에게는 이 말이 신비롭게 들리지만은 않습니다.

얼마 전 비행기에서 실제로 이러한 일이 발생했다고 합니다. 복통을 호소하는 임산부를 보고 상황이 심각함을 느낀 팀장이 의사를 찾고 급기야는 기내에서 아기의 탄생을 보게 된 것입니다. 이 때문에 다른 공항에 임시 착륙하게 되었습니다. 그런데 그 비행기 안의 승객들은 일정이 바뀌는 데 대해 불평하기보다 박수를 치며 아기의 탄생을 축하했다고 합니다.

프로들도 실수를 합니다

손님, 지금 어디까지 가시죠?

승무원들의 항공성 건망증은 특히 국내선 비행을 할 때 그 위력(?)을 발휘하여 곤란에 처할 때가 많습니다.

서울에서 출발하여 부산, 제주를 서너 차례 왕복하면서 비행을 할 때였습니다. 심한 경우에는 하루 동안에 이착륙만 각각 다섯 차례 정도 하는 때도 있는데, 이런 때 승무원들은 반복되는 서비스와 이착륙으로 인해 정신이 없고 많이 지치는 경우가 있습니다.

방송 담당 승무원의 경우 이착륙 방송만 10회 이상을 해야 하니 중간쯤 가다 보면 이 비행기가 제주를 가는 것인지 아니면 부산을 가는 비행기인지 헷갈리는 경우도 있습니다. 그래서 항공기 문이 닫히면 습관적으로 방송을 하기 위해 일단 마이크를 잡고 아나운서 같은 목소리로 "손님 여러분, 안녕하십니까? 이 비행기는…" 하고 방송을 시작하지만 곧이어 '어, 이 비행기가 어디까지 가는 비행기지? 전혀 생각이 나질 않네.' 하면서 당황하게 되는 것입니다. 다른 승무원들은 모두 다 승객 응대를 위해서 객실 중간에 나가 있고….

하는 수 없이 급한 마음에 마이크를 막고 바로 앞에 있는 승객에게 이렇게 물어보는 수밖에 없습니다. "손님, 지금 어디까지 가시는 거죠?"라고 말이죠. 어리둥절해 하는 승객의 눈과 마주칠 때면 정말 부끄러워지지만 정신없는 비행 스케줄 탓에 나타나는 항공성 건망증이겠거니 생각하시고 너그럽게 이해해 주시기 바랍니다.

어서 오십니까? 안녕하십시오

가끔은 승무원에 대한 불만사례로 이야기하는 것 중의 하나가 승무원의 성의 없는 인사말이라고 합니다. 어떤 때는 스튜어디스의 인사가 기계적으로 느껴져 대꾸하고 싶은 마음이 싹 달아나 버린다는 승객도 있습니다.

하지만 이러한 경우가 생기게 된 가장 큰 원인은 아마도 스튜어디스로서 하루에도 몇 차례씩이나 똑같은 인사말을 반복하기 때문이라는 생각이 듭니다. 사실 승객에게 감사의 마음을 갖고 인사를 한다고는 하지만 수백 번 이상을 반복하다 보면 말도 꼬이고 억양이나 감정이 매번 똑같아지는 경우도 종종 있습니다.

그래서 하루 비행의 마지막 탑승이 진행될 무렵에는 승객들을 향해 미소를 지으며 이렇게 말하는 자신의 모습을 보고 소스라치게 놀라기도 합니다. "어서 오십니까? 안녕하십시오"라고 말이죠.

물론 프로 서비스맨으로서는 부끄러운 일입니다만 혹시 비행기로 여행을 하다가 가끔 이런 실수를 하는 승무원을 발견하시면 '저 승무원, 이제 퇴근할 때가 됐나 보군.' 하고 다시 한 번 너그럽게 웃어주시기를 부탁드립니다.

그 손님은 라마단(Ramadan) 중이었습니다

비행기로 전 세계를 돌아다니다 보면 우리와는 다른 특이한 문화와 종교를 가진 사람들이 참 많다는 생각이 듭니다. 나라마다 인종이 다르고, 역사가 다르니 어쩔 수 없는 일이겠지만 가끔은 매우 낯설게 느껴지기도 합니다.

바로 '라마단'이라는 관습인데, 이는 이슬람력으로 9월을 코란(Koran, 이슬람교의 경전)이 내려진 신성한 달로 여긴 이슬람교도들이 그달 27일을 일출에서 일몰까지 의무적으로 금식을 하도록 정한 것을 말합니다. 따라서 이 기간 동안 비행기에 탑승한 이슬람교도들은 어떤 음식도 절대 입에 대지 않습니다. 만약 이런 사정을 모른 채 계속해서 음식을 이것저것 권한다면 국제적 감각을 지닌 승무원이라는 소리를 듣기는 힘들겠죠. 승객의 종교와 문화까지도 이해하고 배려할 줄 아는 것, 바로 21세기를 열어가는 진정한 서비스맨의 자세라고 생각합니다.

코셔밀(Kosher Meal)의 비밀

"저는 채식주의자예요."

"저는 당뇨 환자입니다."

이와 같이 건강이나 종교 등의 이유로, 또는 결혼이나 생일 축하를 위해 비행기에 탑재되는 음식이 있는데 이것을 특별식(Special Meal)이라고 합니다. 물론 이러한 특별식은 예약 시 승객의 요구에 의해 탑재되는 것입니다. 승무원들은 미리 식사의 내용을 점검하고 승객 탑승 후에는 승객에게 주문 여부를 확인해야만 합니다.

이러한 특별식 중에서도 종교상의 이유로 특히 주의를 기울여야 하는 주문된 음식이 있습니다. 바로 유대(Judea) 정교(正教) 신봉자의 식사인 코셔밀(Kosher Meal)입니다. 이 코셔밀은 유대 율법에 따라 조리하고 기도를 올린 식사로서 돼지고기를 금하며 쇠고기나 양고기 등도 기도를 올린 것에 한해서만 쓰입니다. 특이한 점은 코셔밀에서는 식기를 다시 씻어 재사용하는 것이 금지되어 있으므로 1회용 기물을 사용해야 하며, 탑재될 때부터 봉해진 상태입니다. 따라서 승무원은 서비스 준비 시에 이것을 마음대로 개봉해서는 절대 안되며 일단 승객에게 반드시 봉한 상태를 보여주고 허락받은 후에 개봉하여 오븐에 데워야만 합니다. 만일 승객의 허락 없이 열게 되면 그 코셔밀은 더 이상 코셔밀로서의 가치를 잃게 되고 그 식사를 주문한 고객은 도착지에 내릴 때까지 굶는 수밖에 없습니다.

비록 세계가 하나가 되어간다고는 하지만 각 나라마다 종교와 문화는 판이하게 다를 수밖에 없습니다. 따라서 승무원들은 타 문화에 대한 폭넓은 지식과 포용력을 가지고 서비스에 임해야 할 것입니다. 승무원의 무지로 승객이 굶는 일은 없도록 말입니다.

처음 하는 일등석 서비스

남자들은 세 명만 모여도 군대 시절의 얘기를 한다고 합니다. 더군다나 사실 그대로를 얘기하는 것이 아니라 나름대로 살도 붙이고 새롭게 각색해서 과장하여 얘기하는 경우가 많은데, 그것은 아마도 힘들고 어려운 군대생활을 나름대로 훌륭히 완수했다는 자부심에서 비롯된 것이 아닌가 생각합니다. 같은 이유로 스튜어디스도 몇 명만 모이면 자신의 어처구니없는 실수담을 무슨 무용담처럼 얘기하는 경우가 많습니다. 그리고 그 대부분은 처음 일등석에서 근무하게 된 시절의 이야기입니다.

처음 일등석 업무를 맡게 되면 지금까지 해오던 일반석과는 주방 구조나 서비스 절차, 기내식의 내용 등이 확연히 다르기 때문에 당황할 수밖에 없습니다. 따라서 처음 '데뷔'하는 승무원들은 비행 며칠 전부터 잠을 제대로 못 이루며 걱정하는 경우가 있습니다. 아마도 비행생활 중에 가장 힘든 시기가 아닌가 싶습니다.

하지만 힘든 만큼 추억도 많습니다. 물론 당시에는 곤혹스럽고 심각한 사건이었지만 지금은 웃으면서 실수담을 얘기할 수 있다는 사실이 기쁘게 느껴집니다. 지금은 그러한 실수를 하지 않고 있다는 얘기도 될 테니까요.

일등석 주방장으로의 데뷔

스튜어디스로서 근무 경력이 1년여 지나다 보면 일등석 서비스 교육을 받게 됩니다. 일등석에 근무한다고 해도 승객을 대하는 마음가짐이나 자세가 달라질 것은 없습니다. 그러나 비행 중 제공되는 기내식의 경우는 일반석과 매우 다릅니다. 일반석 기내식이 하나의 쟁반 위에 모두 놓인 것이라고 한다면 일등석은 레스토랑에서처럼 코스별로 정통 서양식을 서비스한다고 할 수 있습니다. 그러므로 서양식에 관한 이론과 실무를 교육받고 비행에 임하게 됩니다. 특히 일등석 승무원 중에서 주방장 역할을 하는 승무원은 승객에게 직접 서비스하기보다는 다른 승무

원들이 서비스를 잘 할 수 있도록 뒤에서 음료수와 음식 등의 준비를 담당하고 그 외의 모든 서비스 업무에 차질이 없도록 지원해 주는 역할을 합니다. 복잡하고 긴 일등석 서비스가 원활하게 진행되기 위해서는 이러한 주방장의 역할이 매우 중요하다고 할 수 있겠지요. 하지만 육체적으로는 매우 힘든 업무이기 때문에 대부분의 승무원들은 주방장 업무의 담당을 상당한 부담으로 여기고 있습니다. 특히 상위클래스는 일반석보다 서비스해야 할 음식의 종류나 내용이 훨씬 많기 때문에 상대적으로 업무의 강도가 높습니다.

그러나 주방장의 역할을 할 때만큼 가슴 뿌듯하고 보람을 느끼게 되는 경우도 없습니다. 내 손길 하나하나로 일등석 서비스 여정이 무사히 끝났을 때 느끼는 기쁨과 보람은 경험하지 않은 사람은 잘 모를 것입니다.

끝없는 실수의 연속, 나는 바보인가 봐!

막중한 일등석의 서비스 준비를 완벽하게 책임져야 하는 승무원 중에는 간혹 어처구니없는 실수를 하는 경우가 있습니다. 예를 들면 오븐에서 데워진 뜨거운 음식을 꺼내기 위해 장갑을 낀 오른손으로 오븐 문을 열고 반대편 맨손으로 뜨거운 음식을 꺼내다 손을 데는 경우를 말하지요. 일단 서비스가 시작되면 일사불란하게 시간을 다투며 진행되는 터라 급한 마음에 저지르는 실수이기도 합니다.

신입 승무원으로 일할 때 남달리 일 잘한다는 소리를 듣던 사람일지라도 일등석 서비스를 이끄는 주방장 역할을 할 때는 그야말로 한 번쯤 이렇게 바보가 되어버린답니다.

일등석에서의 쓰라린 기억

상위클래스 서비스 전문훈련을 받고 나서 실제로 현장에서 일등석 업무를 담당하게 되는 경우 음식 종류의 다양함과 화려함에 놀라지 않을 수가 없습니다. 하지만 언제까지 감탄만 하고 있을 수는 없겠죠. 훈련받은 대로 정통 양식 코스에 맞춰 하나둘씩 서비스 준비를 시작해야만 하니까요.

상냥한 미소와 애교로 선배들로부터 사랑받던 E양은 일등석 주방장으로 데뷔한 비행을 다음과 같이 기억합니다.

본격적인 식사 서비스가 시작되었습니다. 전채요리인 철갑상어 알(Caviar)로부터 서비스가 순조롭게 진행되고 있어 안도의 한숨을 쉬던 E양은 수프 서비스를 위해 수프가 들어 있는 보온병을 열었습니다. 그 순간 느껴지는 썰렁한 냉기에 경악하지 않을 수 없었다고 합니다. 시간에 쫓겨 정신없이 일하다가 수프의 온도를 미리 체크하는 것을 잊었던 것입니다. 대부분은 뜨거운 상태로 탑재되지만 간혹 가다가 차가운 수프가 실릴 경우 따뜻하게 준비해 놓아야 하는데…. 정말 쥐구멍이라도 들어가고 싶은 마음뿐이었습니다. 그런데 엎친 데 덮친 격으로 실수는 그뿐만이 아니었답니다. 조금만 익혀 달라고 승객이 주문한 스테이크를 서비스하기 위해 오븐을 여는 순간, 고기는 온데간데없이 사라지고 오븐 속에는 너무 오래 두어 새카맣게 타버린 스테이크만이 남아 있더랍니다. 그때의 암담함이란…. 급기야 매서운 눈초리의 선배에게 호된 꾸지람을 들었답니다.

프로 스튜어디스가 되기 위한 역경을 보여주는 듯했습니다.

톱으로도 자를 수 없는 아이스크림 케이크

일등석에서는 디저트 코스로 주로 아이스크림이나 셔벗(Sherbet)이 탑재되며 간혹 아이스크림 케이크가 실리는 경우도 있습니다. 이때는 아이스크림이 녹지 않도록 드라이 아이스로 겹겹이 쌓아 탑재하는데 담당 승무원은 디저트 서비스가 시작될 시간을 미리 예측하여 적정한 시점에 드라이 아이스를 제거한 후 먹기 좋은 상태로 준비해 놓아야만 합니다. 하지만 기나긴 일등석 서비스를 준비하다 보면 너무 바빠서 디저트까지 미처 신경 쓸 여유가 없을 때가 많습니다. 그러다가 막상 디저트 코스가 되어 아이스크림 케이크를 꺼내 보면 나이프로 도저히 자를 수 없는 돌덩이로 변해 있기 마련이지요.

이러한 케이크를 보고 선배는 기가 막혀 "나랑 같이 승객 앞에서 톱질이라도 할 생각인가 보죠?"라고 말하기도 합니다. 우아하고 세련된 모습으로 흥부가 박을 타듯이 케이크에 톱질(?)하고 있는 승무원들의 모습을 상상해 보면 웃음이 절로 나오겠지만, 이러한 경험이 있는 승무원이라면 지금 이 순간에도 간담이 서늘하리라 생각합니다.

Career Woman Stewardess

4

스튜어디스로부터 배우는 프로 서비스 철학

스튜어디스로부터 배우는 프로 서비스 철학

04

제1절 세계의 하늘을 나는 아름다운 프로

'프로는 아름답다'는 말이 있습니다. 이는 스스로 자신감을 갖고 즐거운 마음으로 서비스를 제공하는 사람에게 어울리는 말입니다. 스튜어디스는 끊임없이 시공의 차이를 극복하며 수많은 승객을 응대해야 합니다. 그 어려운 상황 속에서도 서비스맨으로서 자부심을 갖고 미소를 잃지 않는 스튜어디스는 분명 프로입니다. 그 프로의 세계에는 어떠한 매력들이 담겨 있을까요?

최고의 서비스맨, 스튜어디스

그들의 손님맞이 서비스 철학

승무원의 임무는 승객이 원하는 목적지까지 안전하고 쾌적한 여행을 할 수 있도록 돕는 것입니다. 즉 기내에서 고객이 어려운 일에 처했을 때나 곤란한 지경에 빠졌을 때 책임감을 갖고 도와드리는 것이 승무원의 역할입니다. 때로는 혼자 여행하는 고객의 말벗이 되기도 하고 초행길인 고객에게는 목적지까지 안심하고 여행할 수 있도록 세심한 배려를 아끼지 않습니다.

승무원은 승객을 내 집에 오신 손님으로 생각합니다. 예로부터 우리 선인들은 반가운 손님이 집을 방문하게 되면 며칠 전부터 손님 접대를 위해 많은 준비를 했습니다. 앞마당을 쓸며 길을 넓히고, 집안을 청결히 하며, 맛있는 음식을 준비했습니다. 식구들 각자가 옷맵시를 잘 다듬기도 했습니다. 그리고 손님이 집을 방문하게 되면 반가운 인사말과 함께 따뜻하고 진실한 환영의 마음을 전달했습니다. 정감어린 눈길과 가슴에서 우러나오는 잔잔한 미소로 말이죠. 손님이 떠날 때가 되면 서운하고 안타까운 마음으로 "안녕히 가십시오. 또 오십시오. 다시 뵐 때까지 건강하십시오"라고 말하며 작별을 아쉬워했습니다. 그리고는 정다운 만남과 애틋한 이별을 통해 나누었던 정을 소중한 기억으로 간직하는 것입니다.

우리 선인들이 보여준 정성어린 그 마음으로 승무원은 기내에서 손님을 맞이하고 서비스를 합니다. 이것이 바로 승무원의 서비스 정신이며 만남의 철학입니다.

매너 하면 스튜어디스인 이유

승무원이 승객에게 제공하는 것들 중에는 물질적인 서비스가 많은 부분을 차지하는 듯하지만, 고객이 "승무원이 친절하다. 서비스가 좋다"라고 느끼는 데에는 오히려 승무원의 행동이나 자세, 말씨 같은 인적 요소가 더 많은 영향을 미칩니다. 승무원은 고객에게 식음료와 오락물 제공 등 물질적 서비스는 물론 더 나아가 인적 서비스까지 제공합니다. 그럼으로써 고객과 승무원, 고객과 고객 간의 관계를 원활하게 이끄는 교량적 역할을 하고, 다양한 고객과 대화를 나눔으로써 여행의 즐거움과 편안함을 제공합니다.

기내에서는 사소한 일일지라도 승무원이 하는 행위가 고객에게 호감을 줄 수도 있고, 반대로 불쾌한 인상을 줄 수도 있기 때문에 승무원은 말씨나 태도, 표정, 용모 등 일거수 일투족에도 세심하게 신경을 쓰며 항상 노력하고 있습니다. 그래서 승무원 채용시험에서는 '타인에게 밝고 온화한 인상을 줄 수 있는가'가 면접의 가장 중요한 평가항목이 되고, 입사 후에도 서비스 매너교육에 많은 시간을 할애합니다. 이러한 노력들로 인해 승무원은 누구나 서비스맨으로서 접객업무의 최일선에 있으며 타인을 배려하는 매너에 관해 자신감을 갖습니다.

특히 세계를 무대로 근무하며 쌓은 국제적인 매너 감각은 모든 분들에게 이미 인정받고 있는 부분이기도 합니다. 실제로 승무원 경력을 가진 다수의 사람들은 비행근무 후에도 서비스 전문업체의 중심적 역할을 하거나 사회 곳곳에서 매너교육 강사로 그 역량을 한껏 발휘하고 있습니다.

자신감을 갖고 멋진 서비스를 합니다

서비스를 한다는 것은 사람을 대하는 일인 만큼 어렵고 힘들다고 합니다. 그래서 서비스를 제대로 잘 해내기 위해서는 부단한 노력이 필요합니다.

언뜻 보기에 스튜어디스는 산뜻한 유니폼을 입고 세계 곳곳을 날아다니며 화려한 직장생활을 하는 것 같습니다만, 전문 직업인이자 서비스맨으로서 자신감 있는 서비스를 위해 끊임없이 노력합니다. 서비스란 대충대충 할 때는 누구나 할 수 있는 단순한 일이 되어버리지만, 자신감을 갖고 훌륭히 해낼 경우 누구나 부러워할 멋진 일이 되기 때문입니다.

고객을 사로잡으려면 자신의 일에 자신감이 있어야 합니다. 그렇지 않을 경우 서비스맨은 고객에게 질질 끌려 다니며 업무를 제대로 수행해 내지 못하게 되고 결국 고객으로부터도 신뢰감을 잃게 되겠지요. 불특정한 다수의 고객을 대할 때 상황에 따라서는 형평성 있고 절도 있는 태도를 보여주고, 고객의 안전에 영향을 미치는 긴급한 상황에서는 승무원의 통제나 지시에 응할 수 있도록 카리스마를 발휘해야 합니다. 이를 위해서는 평소 업무지식과 비행에 관련된 정보를 습득하도록 노력해야 합니다. 물론 고객을 헤아리는 마음가짐과 고객을 응대할 때 밝은 표정과 정중하고 세련된 자세, 친절한 말씨 등은 자신감을 갖고 서비스를 수행하기 위해서는 기본적으로 갖추어야 할 필수적인 요소입니다.

다양한 고객과의 만남은 활력소가 됩니다

장거리 비행을 하다 보면 한 명의 승무원이 담당하는 근무구역에 승객들이 많게는 50~60명까지 앉아 있습니다만, 어느 시점부터는 승객 모두가 전부 눈에 들어오고 어느 고객이 어디에 앉아 있는지 머릿속에 그려지게 됩니다. 물론 승무원이 얼마나 고객에게 관심을 갖느냐에 따라 그 시점은 다를 것입니다. 장거리 비행 내내 자신의 근무구역의 손님이 누구인지도 모른 채 고객과 하기 인사를 하는 승무원도 있으니까요.

또한 비행 중 승무원의 서비스에 다소 불만족스러워했던 분들도 대부분의 경우 시간이 흐를수록 서비스를 하는 사람과 받는 사람의 형식을 떠나서 서로 따뜻한 정을 느끼게 됩니다. 기내식을 거른 분이라면 어디 속이 불편하신지 걱정이 되고, 오래 비어 있는 좌석을 보면 그 고객이 어디 계실까 궁금해 하는 승무원의 마음을 승객분들도 알고 계시겠지요?

승무원들이 이렇게 승객들을 위해 비행 내내 마음을 쓰듯, 승객 중에는 비행 내내 승무원에게 줄 선물을 만드는 분도 있습니다. 종이를 오려 만든 새, 종이 냅킨으로 만든 꽃, 승무원의 초상화, 심지어 승무원의 이름을 물어보고 주머니에 수를 놓아 선물하는 경우도 있습니다. 가는 정, 오는 정을 따뜻하게 주고받는 하늘 여행입니다.

전문 서비스맨으로의 연마

비행 초년 시절 승객이 보이지 않는 주방이나 화장실에서 울지 않았던 승무원은 거의 없을 것입니다. 그래도 비행이 끝날 즈음이 되면 '좋아, 다음 비행에서는 더욱 잘해야지'라는 다짐을 하곤 합니다. 그 비결은 바로 여러 사람들과의 만남에서 비롯합니다. 그리고는 어느새 이국적인 장소와 새로 만나는 사람들의 활기참에 젖어 피곤함조차 잊어버립니다. 여러분들도 스튜어디스가 된다면 다양한 업무를 통해서 쉽게 잊을 수 없는 좋은 만남을 경험하게 될 것입니다.

하지만 즐겁고 기쁜 만남만 있는 것은 아닙니다. 때로는 실수를 저지른다든지 오해를 받는다든지 하는 식의 괴로움이 따르는 만남도 있습니다. 그 하나하나의 만남 속에서 조금씩 성장해 가고 단련되는 자신을 발견할 수 있습니다. 이런 점에서 직장은 우리들이 보다 좋은 인간관계를 만들기 위해 힘을 연마하는 도장(道場)이라고도 말할 수 있을 것입니다. 스튜어디스라는 서비스직은 그중에서도 가장 훌륭한 도장(道場)이라고 주저 없이 말씀드릴 수 있습니다.

손님맞이와 배웅의 미담

어느 비행이건, 스튜어디스가 각각 담당하는 구역에서 장시간 서비스하다 보면 마치 오래 알고 지낸 것처럼 친근함이 느껴지는 고객이 있습니다.

스튜어디스에게 있어 자신의 근무구역은 집 중에서도 자신의 방과 같은 곳입니다. 그 좁은 공간에 힘들게 앉아 여행하는 승객을 일일이 마음에 두고 신경 쓰다 보면 승객 모두가 정말로 '내가 초대한 사람들'이라는 생각이 들기도 합니다. 특히 10시간이 넘는 장거리의 고된 비행 속에서 서로 "힘드시죠?"라는 말로 위로하며 도착지에 도착할 때면 괜히 섭섭한 마음이 들기도 합니다. 그래서 연세가 좀 드신 분들에게는 짐을 들어드린다는 핑계로 비행기 문밖까지 나가며, 손을 마주 잡은 채 헤어짐을 아쉬워합니다.

짧으면 짧다고 할 수도 있는 시간 동안 두터워진 애정 때문에 어떤 손님께서는 집주소와 전화번호도 적어주시고 승무원 숙소도 물으시곤 합니다. 가끔은 그 한

분 한 분이 생각날 때가 있답니다. 혹시 오늘 비행에서 또 만날 수 있지 않을까 하고 말입니다.

프랑크푸르트를 출발해 서울로 향하는 비행기에서 서울 시내 지도를 보는 데 여념이 없으신 일본인 승객이 있었습니다. 알고 보니 유럽에 다녀오는 길에 며칠간 서울 관광을 계획하고 계신 것이었습니다. 한국 방문은 처음이라 기대와 설렘 그리고 알 수 없는 두려움도 생기는 모양이었습니다. "도와드릴 일이 없습니까?" 하며 그 승객에게 다가가 여쭤보니 공항 밖을 나가서 어디서 어떻게 버스를 타고 호텔로 가야 하느냐고 물으시더군요.

그림을 그려가며 열심히 설명을 하다 보니 공항 주변을 상세히 그리게 되었습니다. 그래도 제 설명만으로는 부족한 듯 혹시 못 찾게 되면 밖에서 기다리겠노라 하십니다. "승무원은 승객분들보다 늦게 나오기 때문에 많이 기다리시게 될지도 모릅니다"라고 하니 그냥 웃으셨습니다.

그런데 서울 도착 후 그 승객과 작별 인사를 나누고 짐을 정리하여 세관 검사대에 오니, 그 승객이 밖에서 저를 기다리고 있는 것이 아니겠습니까?

"막상 나오고 보니 어디가 어딘지 몰라서…" 하며 멋쩍어 하는 그 승객을 얼른 공항버스 정류장까지 모시고 가 운전 기사분께 승객의 목적지를 몇 번씩 말씀드렸습니다. 그리고 버스 짐칸에 맡긴 짐도 꼭 챙겨드려 주십사 하는 부탁까지 드리고 승객에게 또 한 번 인사를 하였습니다. 그러자 그분은 버스에서 잠시 내려 명함을 건네며 감사의 말을 몇 번이고 하십니다. 버스 기사님이 기다리고 있는데도 말입니다.

고객의 소리는 엄격한 평가입니다

기내에는 고객으로부터 서비스에 관한 객관적인 평가를 받고, 문제점의 발견을 통해 서비스를 개선하기 위해 고객 서신 용지를 비치하고 있습니다. 여기에 많은 승객들이 서비스에 대해 칭찬이나 불만의 내용을 적어주기도 합니다. 승객들 중 서비스에 만족하지 못하고 고객 서신에 핀잔의 말씀을 써주시기도 합니다. 승무원들에게는 핀잔의 말씀이야 물론 쓰디쓴 약과 같습니다. 그러나 이 또한 좀 더 나은 서비스를 위해 고객이 주는 사랑의 채찍으로 받아들이고 성심 성의껏 의견을 수렴하고 있습니다.

승무원으로서 더욱 자신과 용기를 갖게 하는 것은 몇 달 후에 도착한, 이전 비행에서 고객 한 분이 보내주신 칭찬의 고객 서신을 받는 일일 것입니다.

몇 월 며칠자 어느 비행 몇 번 좌석이라고 적힌 서두 내용만 보아도 "아~" 하고 그 고객의 모습이 어렴풋이 생각납니다. 서비스에 관한 애정이나 칭찬의 내용을 한참 후에 접할 때의 기쁨은 아마 느껴보지 않으신 분은 잘 모르실 것입니다.

어린이는 미래의 잠재 고객입니다

비행기에 탑승하는 승객들 중에는 특별히 지상 직원의 안내로 탑승하는 승객들이 있습니다. 그중 보호자 없이 여행하는 유아나 소아를 운송용어로 UM (Unaccompanied Minor)이라 칭합니다. 이 승객들은 앞가슴에 여권 등 목적지 입국을 위한 서류가 담긴 네모난 주머니를 달고 지상 직원의 각별한 보호하에 비행기에 제일 먼저 탑승하게 됩니다.

대부분 방학을 맞이해 해외에 있는 친척집에 혼자 찾아가는 경우가 많은데 국내 기차 여행과는 달리 먼 다른 나라로 혼자 길을 떠난다고 생각하니 꽤나 긴장되고 불안한 듯합니다. 온 몸이 경직된 채 기내식도 잘 먹지 않고 그저 서류 주머니만

꼭 껴안고 석고상처럼 내내 앉아 있는 편입니다. 가까이 가서 말을 붙여도 모기만 한 목소리로 간신히 대답만 하고 맙니다. 자신의 담당 구역에 그 같은 어린 손님이 있다면 참으로 신경이 쓰입니다. 게다가 음식까지 먹지 않는다면 더더욱 마음이 쓰입니다. 이것저것 오븐에 빵도 구워 보고 과자도 내밀어 보고 일등석에서 아이스크림도 가져다주고 장난감이 될 만한 것도 건네 보고 합니다만, 부모 곁을 떠나서 머나먼 길을 가려니 불안한 마음이 쉽게 사라지지 않는 듯합니다. 그렇지만 결국은 스튜어디스들의 따뜻한 사랑으로 어린이 승객과 친해지고 주방은 금새 어린이 승객의 놀이터가 되어버리고 맙니다. 도착지에 내린 후 공항 밖으로 나가는 스튜어디스에게 "언니!" 하고 달려온답니다.

제2절 스튜어디스의 프로페셔널리즘

스튜어디스는 만능 탤런트

스튜어디스는 어떻게 해도 티가 납니다

흔히 스튜어디스는 보기만 해도 금방 알 수 있다고들 합니다. 외모만으로 알 수 있다는 것인데 그 이유가 무엇일까 궁금합니다.

외모만으로도 다르게 느껴지지만 무엇보다 반듯한 말씨와 자세 때문이 아닐까 합니다. 말투, 표정, 걸음걸이, 이쪽저쪽 방향을 가리키는 세련된 손동작만 봐도 다르니까요. 이러한 매너를 몸에 체득하기까지 승무원들의 노력에 대해서는 충분히 말씀드렸지요?

내적인 수양으로 자신의 감정을 조절합니다

몹시 슬프다고 해도 겉으로 의연한 척하는 것, 우스운 얘기를 듣더라도 공적인 자리에서라면 박장대소하듯 웃지 않는 것 등등 살면서 자신의 감정을 조절해야 할 일이 많습니다. 승무원이라면 이 감정 조절에 능통해야 합니다. "자신의 감정을 억제할 수 있습니까?"라고 묻는 것은 승무원으로서의 자질이 있느냐 없느냐를 판가름하기 위한 질문이 되기도 합니다.

그래서 승무원의 경우 화가 나더라도 참고 속상하더라도 마음을 삭이는 연습을 해야 하는 것이지요. 승객 앞에서 피곤한 표정이나 사적인 감정을 나타내서도 안됩니다. 말하자면 희로애락의 감정을 잘 조절해야 합니다.

상대방이 내 마음을 맞춰주는 것이 아니라 내가 상대방의 마음에 들도록 애써야 하는 서비스맨으로서, 사람을 대하는 것 자체가 힘들고 두려울 수 있습니다. 하루에 한두 사람 정도 만난다면야 아무런 문제가 아니지만 수십, 수백 명을 대해야 하는 경우라면 그야말로 정신 수양까지는 가지 않더라도 상당한 참을성과 사람에 대한 지극한 애정이 있어야 함은 엄연한 사실입니다. 게다가 모든 고객이 같은 계층, 같은 수준, 같은 성격이라면 똑같은 방법으로 서비스하면 되지만 천차만별, 각양각색인 고객을 상대하면서 모든 고객이 만족해 하는 서비스를 하기 위해서는 무엇보다 먼저 자기 감정을 조절할 줄 알아야겠습니다.

스튜어디스는 정보 뱅크

"승무원, 요즘 유럽 날씨는 어떻지요?"

"뉴욕에서 뮤지컬 티켓을 싸게 사는 곳이 있다던데?"

"하와이에서 볼거리는 뭡니까?"

인터넷을 통한 정보의 홍수 시대인 요즘에도 대부분의 승객들은 비행기 노선별로 언제 어디서나 다양한 종류의 질문을 합니다. 승무원들이 출입국 정보, 환율, 항공 스케줄에 관한 것뿐만 아니라 현지 숙소, 교통편 같은 것까지 모두 잘 알고 있다고 여겨지나 봅니다. 물론 대부분의 승무원들은 이러한 질문들에 자신이 알고 있는 범위 내에서 성심 성의껏 지도까지 그려가며 열심히 설명해 드리곤 하지요.

이렇듯 승무원은 항상 다양하고도 방대한 정보를 충분히 알고 있어야 하는 임무도 띠고 있습니다. 비행 업무는 물론 국내외 정치, 경제, 사회, 문화, 국제 시사 정보에 이르기까지 폭넓고 든든한 지식을 바탕으로 하여 세계 여러 나라의 승객들을 자신감 있게 응대하기 위한 것입니다.

따라서 승객들의 다양한 욕구에 적극적으로 대처하려면 인터넷 검색은 물론 신문, 시사지 등을 꼼꼼히 들춰보려는 노력도 게을리해서는 안되겠지요.

국제적 센스와 매너는 필수

세계적인 시야로 인생을 즐기는 여성에게는 분명히 센스가 있습니다. 일류와 접하므로 일류가 되고 세계와 접하면서 세계인이 됩니다. 스튜어디스는 각 항공사를 대표하는 최고의 전문 서비스인으로서 업무상 세계 여러 나라를 다니며 각국의 문화를 접하므로 어떠한 때라도 통용되는 국제감각을 익히게 됩니다. 여러 나라의 풍속, 문화, 습관, 종교 등 다양한 세계 문화를 접함으로써 국제적인 감각은 더욱 넓어지는 것입니다. 더욱이 스튜어디스는 전 세계 사람들과 네트워크(Network)를 형성하여 국제적인 시야를 넓히며 사회를 조망하는 시대감각까지도 갖게 됩니다. 이렇게 근무나 여가를 통해 배우고 얻는 견문과 지식은 돈으로 환산할 수 없는 가치를 지닌다고 봅니다.

국제감각에 뛰어난 스튜어디스야말로 21세기가 절실히 요구하는 모습이 아닐까요? 신변잡기에서부터 국제정세까지 피부로 실감하며 가까이 접할 수 있는 스튜어디스는 분명 세계화에 앞장서고 있는 셈입니다. 건강한 체력과 세련된 국제매너, 직업에 대한 프로 의식을 기본으로 갖추고 민간 외교관의 역할을 하는 서비스산업의 대표자임에 틀림없습니다.

최고의 서비스를 위해 노력합니다

세계를 무대로, 무대 위의 스타

일전에 어느 유명한 서비스 산업체를 방문한 적이 있었는데 그 업체의 특징은 서비스하는 모든 직원을 '캐스트(Cast)'라 칭하고 근무구역을 '무대(Stage)'라고 칭하는 것이었습니다. 즉 서비스업에 종사하는 모든 서비스맨들은 '무대 위의 스타'라는 개념이지요.

승무원들 또한 무대 위의 스타로서 한 번의 비행은 한 팀을 이룬 여러 승무원들의 공동작품과 같다고 할 수 있습니다. 승무원으로서 최선을 다하는 것은 각 개개인이 모두 스타로 빛나기 위해, 또 궁극적으로 무대 위의 작품이 멋지게 연출되기 위한 노력이라고 할 수 있습니다. 그리고 그 작품의 평가는 고객들의 몫입니다.

우아한 백조의 모습 뒤에 숨어 있는 보이지 않는 노력

식사 서비스 때 비행기의 주방 안은 마치 전쟁터와 같다고 할 수 있습니다. 좁은 주방 안에서 몇 명의 승무원들이 서로 엉덩이를 부딪쳐 가며 각자 서비스할 것들을 준비하다 보면 누군가 잠깐 열어놓은 컴파트먼트(Compartment)의 문에 머리가 부딪히기도 하고 급하게 연 오븐에 손을 데기도 합니다. 서비스의 흐름에 어긋남이 없도록 준비하는 갤리 내의 분주함은 고객 앞에 전혀 드러나지 않는 부분이기도 합니다. 마치 호수 위에 우아한 자태를 뽐내며 유유히 떠다니는 백조처럼 말입니다. 보이지 않는 물밑에서 필사적인 발길질을 하는 백조는 고객만족을 위한 승무원의 보이지 않는 노력과 같다고 하겠습니다.

우아한 서비스 뒤에는 끊임없는 노력과 자기 희생이 수반된다는 사실을 잊지 마십시오.

끊임없이 새로운 서비스를 준비합니다

어느 곳엔가 전화를 걸어 이것저것 문의할 때 가끔은 너무 빠르거나 성의 없는 일정한 톤의 목소리에 기계와 이야기를 하는지 정말 살아 있는 사람과 이야기를 하는지 의아해 본 적이 있지 않으십니까? 이처럼 어떤 사람들은 그들이 하는 일의 특정 부분에서 기계적인 태도를 취하는 경향이 있습니다. 즉 그들은 자신의 일을 독립적으로 생각하지 않고 아무 생각 없이 무의미하게 반복적인 행동을 하는 것입니다.

고객의 욕구는 나날이 높아가고 다양해지고 있으며 늘 변화하고 있습니다. 진정으로 프로가 되기 위한 스튜어디스는 고객에게 서비스하는 데 있어서 더 효과적이고 좋은 방법을 스스로 생각해 보고 찾아내도록 노력합니다. 자신만의 Know-How에 만족하고 매너리즘에 빠지지 않기 위해서 틀에 박힌 태도와 습관적인 서비스는 지양하고 참신한 아이디어를 계발하기 위해 노력하고 있습니다.

이를 위해 자기반성의 시간을 갖고 자기만의 독특한 방식에 만족하고만 있는지, 그리고 때로 검증되지 않은 새로운 방식으로 고객을 실험대상으로 삼고 있는지,

다른 서비스맨들의 의견에 대해서 겸허하게 귀를 기울이는 그러한 마음을 갖고 있는지 셀프 체크합니다. 또한 많은 서비스 관련 서적·자료·사례들을 접하며 자신의 서비스기술을 꾸준히 개선하고 고객서비스의 수준을 높이기 위해 노력하고 있습니다.

다른 사람에게 더 나은 서비스를 하기 위해서 다양한 유형의 사람들과 어떻게 상호작용하고 의사소통할 것인가를 공부합니다. 각 개개인의 독특한 행동에 대해 일반적으로 더 많이 알면 알수록 개개인을 더욱 잘 다룰 수 있습니다.

또한 서비스를 배우려면 일류 서비스를 체험해 보는 것도 좋습니다. 그리고 자신의 주변 환경에서도, 여러 가지 전문서적을 통해서도 지식은 습득할 수 있습니다. 다만, 지식을 단순히 머릿속의 지식으로밖에 간직하지 못한다면 소용이 없으므로 자기의 것으로 소화해서 일류 서비스를 자신의 Know-How로 만들어봅니다.

사회를 아름답게 만들어갑니다

고객의 소중함을 인식하는 많은 서비스맨들은 고객들과 보다 좋은 인간관계를 맺기 위해 노력하고 있습니다. 그들은 활기찬 사회를 만들어가고 있습니다.

특히 서비스맨인 승무원들은 밝은 미소, 정중한 자세, 절제된 동작, 호감 가는 말씨, 단정한 용모와 복장, 언제 보아도 정감 있는 인사 등에 익숙해져 있어 이

사회를 아름답게 가꾸는 최일선에 서 있다고 해도 과언이 아닐 것입니다.

어디를 가나 사람들에게 건네는 상냥한 인사는 삭막한 이 사회에 따뜻한 인간애를 불어넣어 주고 있습니다. 승무원들의 아름다운 자세와 절제된 동작은 인간만이 표현할 수 있는 아름다움으로 이 사회를 채워주고 있습니다. 스튜어디스의 바른 말씨 또한 이 사회를 살 만하고 즐거운 곳으로 만들어줍니다. 그리고 항상 단정한 용모와 복장은 도시를 꾸미고 있는 나무, 집, 빌딩들처럼 이 사회를 다채롭게 치장해 주는 자연 그대로의 모습입니다. 그러나 무엇보다도 상대방의 마음을 헤아리고 배려해 주는 승무원들의 따뜻한 마음이야말로 이 사회를 아름답게 가꾸는 기본 마음입니다.

전문 서비스맨의 대표라고 할 수 있는 스튜어디스는 새 천년의 주역으로서 자부심을 갖고 서비스 역량을 고양시키는 데 최선을 다해야겠습니다.

오늘도 아름다운 사회를 만들기 위해 노력하고 있는 스튜어디스 여러분들에게 아낌없는 갈채를 보냅니다.

C a r e e r   W o m a n   S t e w a r d e s s

5

스튜어디스 취업면접을 위한 준비

스튜어디스 취업면접을 위한 준비

05

제1절 스튜어디스 면접 전략

당신의 이미지를 상품화하십시오

최근 항공사마다 승무원 채용에 있어 지원자들을 제대로 평가하기 위해 다양한 면접기법을 도입하고 있습니다. 면접은 개인의 기본적인 인성과 자질, 적성, 대인관계 그리고 사회적 친밀도 등을 판단하는 중요한 수단이 되기 때문입니다. 엄격히 말해서 면접은 자신의 내재적·외재적인 모든 모습을 보이고 자신의 생각을 정확히 표현하고 주장하는 스피치 행위입니다. 즉 프레젠테이션인 셈이지요.

바야흐로 세상은 자신의 의사 표현을 잘하고 자신의 끼를 십분 발휘하는 사람이 인정받는 시대입니다. 스피치가 경쟁력인 시대에서 자신만의 독특한 캐릭터로 자신을 보다 효과적으로 표현하여 자신의 브랜드를 높이는 전략이 필요합니다.

5분 안에 나에 대한 좋은 이미지를 심어주기 위해 어떤 준비를 해야 하며, 어떻게 자신을 표현해야 할까요? 무엇보다 상대에게 편안함과 신뢰감을 주고, 같이 일하고 싶은 생각이 들게끔 하는 긍정적인 이미지를 심어주어야 합니다.

혹여 면접 이미지메이킹을 단지 외적인 용모를 예쁘게 잘 가꾸는 것으로만 잘못 생각할 수도 있습니다. 그러나 일반 대기업의 인사담당자들은 "첫인상이 당락의

50%를 결정한다"고 말하고 있고, 첫인상을 외모, 표정, 제스처 80%, 목소리 톤, 말하는 방법 13%, 인격적인 면 7%로 평가한다고 했습니다. 따라서 얼굴이나 몸매보다도 단정한 옷차림이나 헤어스타일, 조리 있는 답변 등으로 온화하면서도 성실한 인상을 주는 것이 중요합니다. 용모보다 더 중요하게 여기는 것은 기본적으로 서비스직을 감당할 만한 인성과 매너입니다. 준비된 이미지야말로 준비된 성공이라는 것을 기억하십시오.

면접에서 보여주어야 할 이미지

면접을 보는 응시자들은 회사 쪽에 모든 결정권이 있다고 생각합니다. 면접관들에게 어떻게 하면 잘 보일까를 생각하다 보니 늘 긴장하고 떨게 됩니다. 이런 모습들은 알게 모르게 나 자신을 누가 봐도 소극적이고 초라하게 만들게 되며, 일상적인 질문에도 당황하기 쉽고 그로 인해 의사전달이 제대로 이루어지지 않는 경우가 많습니다.

'과연 이 회사에서 날 뽑아줄까?' 하는 걱정스러운 이미지와 '내가 이 회사에 입사하면 이러이러한 일들을 펼쳐 보이겠다'는 여유와 자신감을 가지고 자신을 드러낸, 당당하고 솔직한 이미지와는 어느 누가 봐도 차이가 날 수밖에 없습니다.

스스로 '나는 이 직종과 자리에 꼭 맞는 유일한 사람'이라 생각하고 자신감을 가질 때 침착해질 수 있으며, 성공적인 자기 이미지메이킹은 물론이고 면접관들도 그러한 적극적인 자세의 당신을 긍정적으로 보게 됩니다.

자신에 대한 태도를 바꿔보십시오. 회사 중심이 아닌 나를 중심으로 '나는 이러이러한 능력을 가진, 회사에 도움이 될 사람이다'라고 말입니다. 남들이 당신을 존중하고 진지하게 대해 주기를 바란다면 면접에 응시할 때 상대의 믿음을 얻을 수 있는 사람처럼 행동해야 합니다. 면접을 하기 전에 그런 행동을 하는 자신을 머릿속에 떠올리면서 꾸준히 연습하면 좋은 결과를 얻을 수 있습니다.

면접에서는 이러한 것이 중시됩니다

승무원들에게 입사시험 때 가장 긴장된 시간이 언제였느냐고 물어보면 대부분이 면접시험이라고 합니다. 무슨 질문을 받게 될지 고민하고, 나름대로 준비했는데 막상 의외의 질문에 당황했던 경험들을 얘기합니다. 근래 새롭게 실시되는 역할극(Role Playing) 형식의 시험이 매우 곤혹스러웠다고도 합니다.

면접시험은 지식이나 학력을 테스트하기 위한 것이 아니라 고객과 대면서비스를 하는 승무원으로서 갖추어야 할 밝은 인상과 용모를 판단하기 위한 것입니다. 항공사마다 승무원을 면접하는 심사위원들은 다년간 수천 명의 승무원을 관리해 왔기 때문에 어떠한 용모와 인상을 가진 사람들이 승무원으로서 적합한지에 관한 나름대로의 객관적인 판단 기준을 갖고 있습니다. 면접 시의 중요한 포인트를 간단히 설명하자면 다음과 같습니다.

- 밝고 호감 가는 미소
- 따뜻해 보이는 눈빛
- 예의 바르고 침착한 태도
- 자신감과 활기참, 명랑함
- 균형 잡힌 건강한 신체 *
- 용모와 복장
  - 단정한 머리 스타일
  - 진하지 않은 자연스러운 메이크업
  - 호화스럽지 않은 세련됨

* 채용과정 중에 항공사에서 요구하는 체중이 정해져 있는 것은 아닙니다만, 참고로 국내 K항공사에서 규정하는 승무원 적정체중을 소개합니다. 그러나 반드시 적정체중을 지켜야 한다는 것은 아니므로 참고자료로 생각해 주시기 바랍니다.

여승무원			
신장	적정체중	과체중	초과체중
162	52	55.5~56.5	56
163	52.5	56.0~57.0	57
164	53	56.5~57.5	57.5
165	53.5	57.0~58.0	58
166	54	57.5~58.5	58.5
167	54.5	58.0~59.0	59
168	55	58.5~59.5	59.5
169	55.5	59.0~60.0	60
170	56	59.5~60.5	60.5
171	56.5	60.0~61.0	61
172	57	60.5~61.5	61.5
173	57.5	61.0~62.0	62
174	58	61.5~62.5	62.5
175	58.5	62.0~63.0	63

무엇을 어떻게 준비할 것인가?

입사지원서에 핵심적인 PR내용을 준비하십시오

자신의 경력과 직무능력을 중심으로 면접관의 관심을 끌 만한 사항을 기록하여 면접관의 질문을 먼저 유도하는 것이 성공 면접의 첫걸음입니다. 입사지원서에 질문의 실마리를 제대로 제공하지 못한다면 면접관은 여러 각도로 지원자를 테스트하게 되며, 이 과정에서 예상치 못한 질문을 받고 당황하게 될 수 있습니다.

지금까지 당신이 무엇을 해왔는가, 당신이 스튜어디스에 적합한, 타인과 차별화된 전문적이고 경쟁우위의 능력은 무엇인가 등 당신이 PR해야 할 핵심적인 부분을 중심으로 적으십시오.

면접회사에 대한 정보 입수는 필수입니다

면접시험은 응시자의 외모만을 보고 판단하려는 것이 절대 아닙니다. 면접 중의 짧은 질문과 대답 속에서 응시자의 서비스 정신과 직업에 대한 의식을 가늠하려는 것입니다.

진정으로 승무원이 되고자 하는 사람들이라면 외적인 조건 못지않게 왜 승무원이 되려고 하는지부터 정리할 필요가 있습니다. 무작정 아무 항공사든 스튜어디스가 되겠다는 생각보다 가급적이면 원하는 항공사를 정해 그 기업에 대한 정보를 충분히 준비하는 것이 중요합니다. 자신이 지원한 회사에 대해 아무런 지식도 없이 면접에 응시할 경우 면접관에게 신뢰를 주기는 힘들겠지요.

특별히 국적 항공사에서 혹은 외국 항공사에서 근무하고 싶다거나 외국 항공사라면 그중에서도 어떠한 국가의 항공사에 관심이 있는지 등에 관한 사전 지식이 필요합니다. 비행 생활에 매력을 느껴 스튜어디스가 되었다 해도 특정 기업의 조직원으로서 만족스러운 직장생활을 지속해 나가기 위해서는 소속 기업도 매우 중요하기 때문입니다.

면접시험을 준비하는 데 있어서 본인이 응시하고자 하는 기업에 대한 아무런 지식 없이 면접에 응시한다는 것은 본인 자신에게 무책임한 일일지도 모릅니다. 적어도 그 항공사를 왜 지망하는지, 그리고 그 항공사의 운송역사를 비롯하여 대외적으로는 어떠한 이미지를 갖고 있는지, 또는 그 항공사의 비행기를 탑승해 본 경험에 비추어 서비스에 대해 어떤 견해를 갖고 있는지 등등 응시하고자 하는 항공사의 기업연구야말로 면접 준비의 시작입니다. 인터넷이나 그 외 정보채널을 통해 회사에 관련된 정보, 주요 현안, 최근 기사 등을 검색해 읽어두고 사례별로 자신의 의견을 정리해 두십시오. 또한 면접 당일 반드시 신문을 읽어 그날의 화제(話題)를 미리 알고 있는 것도 도움이 될 것입니다.

외국어 준비

자신 있는 외국어로 자신의 소개 등을 편안하게 준비합니다. “My name is...”로 시작하는 천편일률적인 내용을 탈피하고 나의 경력과 특기를 중심으로 하는 핵심적이고 인상적인 내용으로 준비해 두십시오.

⁝ 전공 관련 내용 준비

"전공이 ○○○인데 항공사를 지원한 이유는?"이라든가, "전공을 통해 무엇을 배웠는가" 등 전공선택의 이유, 원하는 직종과 전공과의 연관성 등 자신의 전공과 관련된 질문사항에 대비하십시오. 자신의 전공과목 정도는 간략하게 설명할 수 있도록 준비합니다. 학문적으로 어렵게 말할 필요가 없습니다. 말의 내용보다도 학교라는 신변적인 화제를 활기 있게 이야기할 수 있는 지원자라면, 분명히 즐겁고 충실한 학창시절이었을 것이다… 젊은이답고 호감이 느껴진다… 업무도 즐겁게 해낼 수 있을 것이다… 이런 사람이 좋다…라는 심리가 면접관에게 느껴지는 것은 당연한 일입니다. 학교 수업 중에 한 가지 정도 관심 있었던 내용이 분명히 있었을 것이므로 학교에 관한 화제가 나오면 적극적으로 임하십시오. 가급적이면 스튜어디스 업무를 수행하는 것과 유익하게 연관 지어서 말이죠.

⁝ 스피치훈련 및 모의면접 연습

발표 불안을 극복하는 최상의 방법은 역설적이지만 대중 앞에서 스피치를 자주 경험하여 발표 불안의 면역성을 키우는 것입니다. 면접 볼 회사의 성향과 지난 면접 정보를 분석하여, 실전처럼 대답해 보는 연습을 합니다. 머릿속으로 막연히 생각하는 것과 구체적인 말과 영어를 구술하는 것은 확연히 다릅니다.

남들이 발표 기회를 만들어주기 전에 자신이 기회를 적극적으로 만들어서 경험하는 것이 가장 효과적인 방법이기 때문에 생활 속에서 작은 것부터 자신이 할 수 있는 것을 실천합니다. 평소에 친구와 가볍게 대화할 때도 기승전결에 의해 내용을 전달하는 습관을 길러본다든가 혼자 있을 때 스피치훈련을 해보는 것도 좋은 방법입니다.

평소에 준비하십시오

밝고 호감 가는 표정을 갖고 있습니까

성공적인 면접을 위한 준비는 일부러 꾸며서 만들어지거나 하루아침에 달라지는 것이 아닙니다. 평소에 표정이나 화술, 자세, 용모, 복장, 교양 등 자신을 어떻게 갈고 닦느냐에 따라 점차적으로 달라질 수 있는 것입니다.

아무리 예쁘게 화장을 한다 해도 화를 많이 내면 인상이 망가집니다. 누군가와 언쟁을 하고 난 후에 거울을 보십시오. 자신의 표정이 어둡고 일그러져 있을 것입니다. 일부러 얼굴을 예쁘게 가꾸려고 노력하는 것보다 얼굴 찌푸릴 만한 생각은 하지 않고 자주 웃으려고 노력하는 것이 실제로 좋은 인상을 갖는 비결입니다.

또한 타인과 자주 접촉하는 것도 나만의 이미지 개발에 도움이 됩니다. 늘 고객을 대하며 근무하는 사람과 타인과 접촉하지 않고 자기 혼자 일하는 직종의 사람은 분명 이미지연출에 차이가 있으므로 서비스 관련 아르바이트를 하는 경험도 도움이 될 수 있습니다.

특히 승무원이 갖추어야 할 가장 기본적인 조건 가운데 하나가 부드럽고 밝은, 그리고 편안한 미소를 지니고 있어야 하는 것인데 표정연습은 꾸준히 노력하여 습관화시키지 않으면 안되는 것으로써, 결코 쉬운 일이 아닙니다.

얼굴 부분별 표정 연출 연습

우리 얼굴에는 무려 80여 개의 근육이 있어 7천 가지 이상의 표정을 만들 수 있다고 합니다. 얼굴에는 역동적인 근육을 가진 곳이 있는데 그것은 눈썹 부위와 입 주변이며 두 부분을 이용해서 얼마든지 표정 연출을 할 수 있습니다. 거울을 보고 매일 조금씩 연습하여 자연스러우면서도 상냥한 자신만의 표정을 만들어봅시다.

눈썹

눈썹은 얼굴의 표정을 연출하는 데 있어서 중요한 부분이며 눈썹 훈련은 이마부분의 근육을 풀어주는 효과가 있습니다.

- 양손의 검지손가락을 수평으로 해서 눈썹에 가볍게 붙인 상태에서 눈썹만 상하로 여러 번 움직입니다.
- 눈썹을 양 미간 사이로 내려 눈썹의 각도를 세모꼴로 만들어보세요. 거울 속에는 화가 난 표정이 보일 것입니다.
- 눈썹을 바싹 위로 올려 눈썹의 각도를 둥근 모양을 만들어보세요. 거울에 나타난 표정은 밝은 모습일 것입니다.

이렇듯 눈썹의 각도를 이용한 표정만으로도 상대에게 친근감을 보낼 수 있습니다.

눈

눈은 피로를 가장 빨리 느끼는 부분입니다. 눈을 감고 눈 주변을 손가락 세 개를 모아 꾹꾹 누르고, 감은 상태에서 눈동자를 좌우로 돌려서 뒤쪽 신경계를 풀어줍니다. 총명하고 밝은 눈빛은 상대에게 많은 신뢰감을 줄 수 있습니다. 눈의 표정 연출을 하기 위해 역시 눈 주위의 안면운동을 해봅시다.

- 먼저 조용히 두 눈을 감습니다.
- 반짝 눈을 크게 뜨고, 눈동자를 오른쪽 → 왼쪽 → 위 → 아래로 회전시킵니다.
- 다음엔 눈두덩에 힘을 주어 꽉 감습니다.
- 그러고 나서 반짝 눈을 크게 뜨고, 다시 한 번 눈동자를 오른쪽 → 왼쪽 → 위 → 아래로 회전시킵니다.

이러한 눈의 근육 운동은 하루 종일 피곤한 눈의 피로를 풀어주는 데도 아주 좋은 운동이 될 수 있습니다.

거울을 보고 눈으로 표현할 수 있는 표정을 연출해 봅시다. 거울을 눈 가까이 두고 눈만

집중해서 봅니다.

- 깜짝 놀랐을 때의 표정을 지어보세요. 눈과 눈두덩이 올라가 있지 않습니까?
- 곤란할 때의 표정은 어떻습니까? 아마 양미간에 잔뜩 힘을 주어야 할 것입니다.
- 지적인 표정을 지어보세요. 역시 눈동자를 긴장시켜야 할 것입니다.
- 슬픈 표정, 기쁜 표정, 놀란 표정 등 다른 감정을 표현해 보세요.

이렇듯 눈동자로도 많은 표정을 연출할 수 있습니다.

코

코로도 표정 연출이 가능할까요? 먼저 코의 근육을 풀어봅시다. 코 근육은 일부러 손으로 코를 잡아서 주물러줍니다. 많이 쓰지 않기 때문에 물리적인 힘이 필요합니다. 코는 눈썹 사이에서 콧망울까지 꾹꾹 눌러보세요.

또한 불쾌한 냄새를 맡았을 때 대체로 코를 단번에 쑥 올려 코에 주름이 생기게 될 것입니다. 이렇게 반복해서 코의 근육을 풀어줍니다.

그러고 나서 거울을 코에만 비춰 코로 표정을 연출해 봅시다.

- 찡그릴 때의 코의 표정은 어떠합니까? 한쪽으로 주름진 코의 모습이 보입니까?
- 그러면 이번엔 코로 웃는 표정을 만들어봅시다. 양 콧망울이 당겨져 코의 삼각형 모양이 바로 보일 것입니다.

좀 제한되기는 하나 이처럼 코로도 표정 연출이 가능합니다.

입, 뺨, 턱

입 주위는 표정을 결정짓는 가장 중요한 부위입니다.

다양하고 풍부한 표정 연출을 위해 먼저 입 주위의 근육 운동을 해봅시다.

입을 '아' 벌리고 턱을 오른쪽에서 왼쪽으로 움직여 보세요. 계속 반복해서 해봅니다.

다음은 뺨 주위의 안면근육을 풀어봅시다.

입을 다물고 한껏 뺨을 부풀려 공기를 머금은 채 오른쪽→왼쪽→위→아래로 움직여보세요. 서너 차례 반복합니다.

그 다음은 입술 운동을 해봅시다.

입가를 최대한 당긴 다음 입술을 뾰쪽하게 내밀고 다시 옆으로 당기는 것을 반복합니다.

그러고 나서 입을 최대한으로 크게 벌려 높은 톤으로 또박또박 아→이→우→에→오의 입 모양을 발성해 보세요.

입꼬리 근육을 단련시키고 근육이완을 시키는 발성법으로 다음과 같은 운동을 해보세요.
하, 히, 후, 헤, 호 / 하하, 히히, 후후, 헤헤, 호호

그러면 지금부터 거울을 입 가까이 대고 입으로 할 수 있는 표정을 연출해 봅시다.
토라진 표정을 지어보세요. 입술을 다물고 약간 앞으로 내미는 모양이 될 것입니다.
가장 화가 났을 때는 어떻습니까? 입술이 세모꼴로 일그러지지 않습니까?
가장 슬펐을 때를 떠올려봅시다. 당신의 얼굴이 어떻게 변합니까?
걱정이 있을 때, 짜증이 날 때, 재미있는 일이 있을 때를 생각하며 조심스럽게 얼굴 각 부분이 어떻게 움직이는지를 잘 보고 어떻게 느껴지는지를 섬세하게 살펴보세요. 이렇게 연습하면서 그동안 무표정하게 굳어진 얼굴근육들을 이완시키고 마음도 부드럽게 해봅시다.
표정이 있다는 것은 우리가 살아 있다는 증거입니다.

그러면 이제 마치 종이 한 장을 입술에 살짝 무는 상태로 입술 꼬리만 위로 올려봅시다.
입술이 웃고 있지 않습니까?
다음은 활짝 웃는 모습을 지어봅시다. 치아가 반짝이며 입술이 가볍게 열릴 것입니다.
입을 항상 절반쯤 벌리고 있거나 입 끝을 아래로 내려뜨려서 축 처지게 하고 있으면 그다지 영리한 느낌은 들지 않습니다. 대체로 한국 사람들은 평상시 의식하지 않으면 입술 꼬리가 축 내려가기 쉽다고 하므로 의식을 하고 항상 입술 꼬리를 올리도록 합니다. 그것만으로도 웃는 얼굴이 만들어지게 되고 입가가 야무지게 보일 수 있습니다.

 Exercise

스마일 연습

여러 가지 표정 중에서도 가장 아름다운 표정은 물론 웃는 얼굴입니다. 모든 만남의 시작에 있어서 가장 중요한 것은 첫 느낌이며, 첫인상을 좌우하는 핵심적인 요소는 바로 스마일입니다. 아름다운 미소는 하루아침에 만들어지지 않습니다. 여가시간에 거울 앞에서 입꼬리를 올리고 웃는 연습을 해봅시다. 이때 양 입꼬리를 올리는 기분으로 '위스키~' 하고 소리 내면 입꼬리 근육을 단련시킬 수 있을 뿐만 아니라, 보다 쉽게, 자연스러운 미소를 연출할 수 있습니다. 처음에는 의식적으로라도 웃어보세요. 가족, 이웃, 동료 등 아는 사람과 마주칠 때 무조건 미소를 지어보세요. 그러면 당신의 얼굴은 점점 좋은 느낌을 주는 얼굴로 변화될 것입니다.

- 웃는 얼굴에 대해 상대방으로부터 칭찬을 받은 적이 있습니까?
- 당신이 크게 웃을 때 웃음소리는 어떻습니까?
- 거울 앞에서 당신이 일생 중 가장 행복했을 때를 생각하며 미소를 띠어보세요.
- 거울을 보며 자신의 웃는 얼굴의 눈썹, 눈, 코, 입 등을 그림으로 그려보세요. 어떠한 모양입니까?

활짝 웃는 미소는 '위스키~' 하고 발음한 상태에서 두 손가락으로 입꼬리를 고정시킨 뒤 마음속으로 다섯을 센 후 손만 떼어줍니다. 입모습은 끝까지 '~이'의 입모습을 하게 되고 더군다나 '위~' 할 때는 뺨의 근육이 약간 위로 치켜 올라가 훌륭한 웃는 얼굴을 만들 수 있습니다. 한번 연습해 보시겠습니까? 위스키~

아름다운 자세와 동작이 몸에 배어 있습니까

평소 바른 자세를 위한 노력도 필요합니다. 바르게 서고 아름답게 걷기 위한 노력 중의 하나는 평소 정장을 입고 굽이 있는 구두를 신어보는 것이지요. 자신도 모르게 긴장되어 걸음걸이와 자세가 달라지고 청바지를 입고 있을 때와는 달리 몸가짐이 반듯해지는 것을 느낄 수 있습니다. 이러한 이유로 대부분 항공관련 학과에서는 내부적으로 정장차림으로 학교수업을 받도록 하거나 자체 유니폼을 정해 입기도 합니다.

선 자세 연습

- 발뒤꿈치를 붙이고 발끝은 V자형으로 하고 몸 전체의 무게 중심을 엄지발가락 부근에 두어 몸이 위로 올라간 듯한 느낌으로 섭니다.
- 머리, 어깨, 등이 일직선이 되도록 허리는 곧게 펴고 가슴을 자연스럽게 내민 후, 등이나 어깨의 힘은 뺍니다.
- 아랫배에 힘을 주어 당기고, 엉덩이를 약간 들어 올립니다.
- 여성은 오른손이 위로 가게 하여 가지런히 모아 자연스럽게 내려 배꼽 아래 5cm 정도에 놓고, 겨드랑이에 팔을 가볍게 붙여줍니다. 발은 시계바늘의 11시 5분 모양으로 만들어줍니다.
- 시선은 정면을 향하고 턱은 약간 당겨 바닥과 수평이 되도록 하며 입가에 미소 또한 잊지 않습니다. 그리고 머리와 어깨는 좌우로 치우치지 않도록 유의합니다.
- 오래 서 있어야 할 때에는 여성의 경우 한 발을 끌어당겨 뒤꿈치가 다른 발의 중앙에 닿게 하여 균형을 잡고 서 있도록 하면 훨씬 편안하게 느껴집니다.

Exercise 앉는 자세 연습

- 상반신은 항상 선 자세와 같은 자세여야 합니다.
- 한쪽 발을 반보 뒤로 하고 몸을 비스듬히 하여 어깨 너머로 의자를 보면서 한쪽 스커트 자락을 살며시 눌러 의자 깊숙이 앉습니다.
- 뒤쪽에 있던 발을 앞으로 당겨 나란히 붙이고 두 발을 가지런히 모읍니다.
- 양손을 모아 무릎 위에 스커트를 누르듯이 가볍게 올려놓습니다.
- 어깨를 펴고 시선은 정면을 향하도록 합니다.
- 의자 깊숙이 엉덩이가 등받이에 닿도록 앉습니다. 의자 끄트머리에 걸쳐 앉는 것은 보기도 좋지 않을뿐더러 불안정하고 쉽게 피곤해지는 자세입니다.
- 등과 등받이 사이에 주먹 한 개가 들어갈 정도의 공간을 두고 등을 곧게 폅니다.
- 상체는 서 있을 때와 마찬가지로 등이 굽어지지 않도록 주의하고 머리는 똑바로 한 채 턱을 당기고 시선은 정면을 향해 상대의 미간을 봅니다.
- 무릎을 붙인 상태에서 서 있을 때처럼 발을 시계바늘 모양으로 11시 5분 모양으로 만들어줍니다. 양 다리는 모아서 수직으로 하며 오래 앉아 있을 경우 다리를 좌우 어느 한쪽 방향으로 틀어도 무방합니다. 특히 소파처럼 낮은 의자의 경우에는 무리하게 다리를 수직으로 세우지 말고 양 다리를 모은 채 무릎 아래를 좌우 한 방향으로 틀면 다리가 아름답게 보입니다.
- 의자에 퍼져 앉아 팔짱을 끼고 무릎을 떨거나, 구부정하게 앉거나, 다리를 꼬아 앉거나 벌어지지 않도록 유의해야 합니다.

젊고 활기차게 걷고 있습니까

옷을 잘 차려 입고 용모가 깨끗해도 등이 구부정한 채 무릎까지 굽히고 뒤뚱뒤뚱, 종종, 터덜터덜 걷고 있는 사람들을 보게 됩니다. 반면 곧은 자세로 씩씩하고 활기차게 걷고 있는 사람은 보는 사람으로 하여금 신뢰감을 느끼게 해줍니다.

젊고 건강하고 활기찬 사람들의 걸음걸이는 남들과 달리 조금 빠른 템포로 가슴을 쭉 펴고 또렷한 눈빛으로 정면을 향해 걸으며 진취적이고 자신감 있어 보인다고 합니다. 반면 항상 처진 어깨로 걸음이 느린 사람은 왠지 모든 일에 자신감이 없고 일을 처리하는 속도도 느릴 것 같은 느낌이 듭니다.

또한 매너가 좋은 사람들은 발소리까지도 남의 귀에 거슬리지 않도록 자신의 걸음걸이에 주의를 기울입니다. 발소리가 소음 공해가 되지 않도록 체중은 발 앞부분에 싣고, 허리로 걷는 듯한 느낌으로 걸어보십시오. 발 앞끝이 먼저 바닥에 닿도록 하여 전면에 일직선이 그어진 듯 가상하여 똑바로 걷습니다.

Exercise 걷는 자세 연습

- 걸을 때는 상체를 곧게 유지하고 발끝은 평행이 되게 하여 다리 안쪽과 바깥쪽에 주의하면서 발바닥이 보이지 않도록 직선 위를 걷는 듯한 기분으로 걸으면 됩니다.
- 머리는 걸음을 옮길 때 유연하게 움직일 수 있도록 하되, 유연한 선을 그리면서 높이 쳐든 상태를 유지합니다.
- 어깨와 등을 곧게 펴고 턱을 당겨 시선은 정면을 향하고 자연스럽게 앞을 보고 걷습니다. 배는 안으로 들이밀고, 엉덩이는 흔들지 않도록 유의합니다.
  허리로 걷는다고 생각하고 앞으로 내민 발에 중심을 옮겨가면 바르게 걸을 수 있습니다.
- 무릎을 굽힌다든지 반대로 너무 뻣뻣해지지 않도록 양 무릎을 스치듯 걷도록 주의합니다.
- 손은 손바닥이 안으로 향하도록 하고 팔은 부드럽고 자연스럽게 두 팔을 동시에 움직입니다.
- 보폭은 자신의 어깨 넓이만큼 걷는 것이 보통이나 굽이 높은 구두를 신었을 경우는 보폭을 줄입니다.

바르게 인사할 수 있습니까

한번의 인사를 하더라도 평소 바르게 하려는 노력이 필요합니다. 무조건 인사를 열심히 한다고 좋은 것은 아니며 인사는 제대로 잘해야 하는 것입니다. 표정 없는 기계적인 인사는 오히려 상대에게 부담감만 주게 되며, 정중한 인사를 한답시고 허리를 지나치게 많이 숙이면 덜 세련되어 보입니다. 또한 인사란 '당신을 보았습니다'라는 사인이니만큼 누가 먼저라고 할 것 없이 사람을 보면 먼저 인사하는 습관을 들이십시오.

인사 연습

1단계

- 손은 오른손이 위로 오도록 양손을 모아 가볍게 잡고 오른손 엄지를 왼손 엄지와 인지 사이에 끼워 아랫배에 가볍게 댑니다(몸을 숙일 때는 손을 자연스럽게 밑으로 내립니다).
- 발은 뒤꿈치를 붙인 상태에서 시계의 두 바늘이 11시 5분을 나타낸 정도로 벌리고 상대를 향해 바르게 섭니다.
- 곧게 선 상태에서 발은 뒤꿈치를 붙이고 상대방과 시선을 맞추고 난 다음 등과 목을 펴고 배를 끌어당기며 목을 숙이지 말고 허리를 숙여 인사합니다.
- 인사를 드릴 때 시선처리는 먼저 인사드릴 상대를 밝은 표정으로 바라본 후 몸을 숙이는 것과 동시에 시선도 자연스럽게 아래로 내립니다. 이때는 자신의 발을 보지 말고 전방 1.5미터 정도 앞을 보는 것이 자연스럽습니다.

2단계

- 머리, 등, 허리선이 일직선이 되도록 하고 허리를 굽힌 상태에서의 시선은 자연스럽게 밑을 보고 잠시 멈추어 인사 동작의 절제미를 표현합니다. 인사하는 동안 미소가 얼굴에 머물도록 합니다.
- 하나!에 숙이고, 숙인 상태에서 둘!을 센 후, 셋!넷!에 다시 허리를 폅니다. 이러한 리듬으로 인사하는 것이 가장 정중하고 세련되어 보입니다. 절도 있게 한 번의 동작으로 내려가 잠시 멈추는 시간은 인사에서 매우 중요합니다. 존경의 느낌이 바로 이 멈춤에서 나오기 때문입니다.

3단계

- 너무 서둘러 고개를 들지 말고 굽힐 때보다 다소 천천히 상체를 들어 허리를 폅니다. 고개를 까딱하는 인사가 아니라 허리로 인사해야 품위 있게 인사할 수 있습니다.

4단계

- 상체를 들어 올린 다음, 똑바로 선 후 시선도 따라 올라오면서 다시 상대의 눈을 바라봅니다. 이때 미소 짓는 것도 잊어서는 안됩니다. 시선처리는 상대의 눈, 나의 전방 1.5미터 바닥, 다시 상대의 눈입니다.
- 인사 동작을 연습하면서도 잊지 말아야 할 것은 바로 밝은 표정을 유지하는 것입니다. 특히 마지막 동작인 상체를 올리고 난 다음에는 더욱 환하게 미소 짓는 표정이 좋습니다.

바르고 정감 가는 말씨를 구사할 수 있습니까

평소에 주위 사람들을 상대로 바른말을 쓰려고 노력하는 것도 중요합니다. "이것 좀 주세요?" 대신에 "죄송합니다만 이것 좀 주시겠어요?"라고 말하고, 마주치는 사람마다 환한 미소를 지으며 "안녕하십니까?" 하고 인사를 하고, 뭔가를 부탁할 때는 '죄송합니다만'으로 시작해 보십시오. 또 '감사합니다'는 늘 입에 담고 사는 생활태도가 몸에 배도록 해보십시오. 이런 행동을 통해 성격도 좋아지고 남을 배려하는 마음도 깊어질 수 있습니다.

이를테면 뒤늦게 타는 나를 위해 엘리베이터 안에서 열림버튼을 눌러 기다려주는 사람에게 "감사합니다." 하고 인사하고 나 역시도 같은 엘리베이터에서 작동기와 멀리 떨어진 사람에게 "몇 층 가십니까?"라고 묻는 생활습관이 당신을 좀 더 스튜어디스에 걸맞은 성향과 모습으로 바꾸어줄 것입니다.

바르고 올바른 말과 태도는 하루아침에 이루어지는 것이 아니므로 일상생활에서 항상 의식적으로 조심하여, 올바른 언어생활이 습관화되도록 노력해야 합니다.

Exercise 대화의 기술 연습

흔히 스튜어디스의 매너가 높게 평가받는 요인으로는 외모와 자세뿐만 아니라 그들의 친절하고 반듯한 말씨도 있습니다. 그 대화의 기술을 알아보겠습니다.

- **말끝을 흐리지 않고 발음을 분명하게 말합니다.**
  단호함은 자신감 있게 생각을 표현하는 것을 말합니다. 예를 들면 손과 발을 바르게 한 자세로 상대방의 눈을 보고 미소 지으며 대화에 몰입하는 것입니다.

- **목소리는 조용하고 안정적으로 합니다.**
  말할 때의 속도와 높이에서도 지적이며 언행에 믿음이 가는 인물로 보일 수 있습니다. 빠르지 않은 속도와 낮은 톤으로 말합니다. 같은 말을 하는 데도 어떤 이미지를 주느냐에 따라 성공의 여부가 달려 있습니다.

- **정보를 전달할 때 숫자를 즐겨 사용하며 구체적이고 명확하게 말합니다.**
  숫자는 전달하려는 내용을 보다 쉽고, 빠르게 설명할 수 있게 하며, 설득력을 갖게 합니다. 스튜어디스는 비행시간이 얼마나 되는지 몇 분 후에 도착하게 되는지 숫자를 사용하는 습관을 들입니다. 그런 습관이 고객의 눈과 귀를 서비스맨의 입으로 향하게 하고, 훨씬 더 고객에게 신뢰감을 줍니다.

Role Playing에 대비하십시오

근래 들어 항공사의 승무원 채용과정에서 대부분 '역할극(Role Playing)' 면접이 실시되고 있습니다. 승무원은 사람을 상대하는 직업이기 때문에 응시자들의 다양한 모습을 승객의 입장에서 보다 입체적으로 파악할 수 있는 장점이 있기 때문입니다.

그 방식은 대개 2차 면접시험 중에 가상의 기내 상황을 만들어 놓고 승객들의 요구나 기내상황에 대처하는 능력 등을 테스트하고 있으며 배점도 당락에 결정적 역할을 합니다.

특히 현업에서 근무하는 5~10년차의 베테랑 여승무원 12명이 면접관으로 나와 교대로 승객 역할을 하면서 응시생들에게 각종 주문이나 돌발적인 행동, 질문을 하고 응시자들의 태도를 관찰한 뒤 점수를 매기게 됩니다.

Role Playing 연습

항공사에서 준비하는 가상 상황은 승객이 승무원에게 추근댈 때, 승객이 아플 때, 커피를 쏟았을 때, 어린이 승객이 소란을 피울 때 등 실제 비행근무 중 발생할 수 있는 매우 다양한 상황들입니다.
그러나 주어진 어떠한 상황설정에도 크게 당황하지 마십시오. 아직 비행근무 경험이 없는 응시자에게 특별히 요구하는 정답은 없습니다. 승객들에게 주는 호감이나 순발력, 재치 등이 중요한 평가요소가 되기 때문입니다.

단 한마디에도 주의 깊고 세심하게

무언가 부탁을 받으면 "예." 하고 소극적인 응대를 하기보다는 "예, 곧 갖다드리겠습니다"라고 자신감 있게 말하는 것이 상대방 입장에서 볼 때 신뢰감이 듭니다. 또 준비 시간이 지체될 경우에는 "죄송합니다만, 지금 준비 중이오니 5분 정도 기다려주시겠습니까?" 등으로 정확하게 안내할 수 있어야 합니다.
고객이 기다리는 시간은 같으나 서비스맨의 주의 깊은 말 한마디로 고객이 기다리는 시간은 길게 느껴질 수도, 아주 짧게 느껴질 수도 있을 것입니다.
단 한마디가 달라도 듣는 사람이 받는 인상은 크게 달라질 수 있습니다. 작은 일에서부터 '항상 무엇에든 책임을 지고 틀림이 없다'는 확신으로 좋은 이미지를 보여주려는 노력이 필요합니다.

어떠한 상황에서든 긍정적으로 말합니다

긍정적인 단어를 최대한 많이 사용하게 되면 상대방에게 좋은 인상을 심어줄 수 있습니다. 무언가를 사러 나가서 "그 상품은 품절되었습니다. 없습니다", "안됩니다", "그렇게 해드릴 수는 없습니다"라는 부정적인 대답을 듣는 것보다 "지금은 없습니다만, 창고에 재고가 있는지 알아보고 오겠습니다" 등의 적극적인 말을 듣게 되면 설령 상품이 없어도 일단 기분이 나쁘지 않습니다. 또 "마침 같은 상품은 없지만 대신에 이 상품은 어떠세요?"와 같은 방법으로 대안을 제시하는 점원은 센스 있게 느껴집니다.
"지금은 바빠서 안돼요"라는 표현보다는 "죄송합니다만, 급한 일을 먼저 처리하고 10분쯤 후에 해드려도 괜찮으시겠습니까?"
"신분증 없으면 안돼요"는 "이 업무를 처리하려면 반드시 신분증이 필요합니다"라는 긍정적인 표현을 사용해 보십시오.

질문의 용어도 주의 깊게 선택하여 부정적인 느낌을 주는 질문은 피합니다.

'왜'라는 질문은 도전적으로 들릴 수 있고 부정적 감정의 반응을 촉진시킬 수 있습니다.
"왜 그렇게 하시죠?"는 "무엇 때문에…", "어떤 다른 일이 있으신가요?"라고, "…라고 생각지 않으세요?"는 "…을 어떻게 생각하시나요?"라고 표현하는 것이 바람직합니다.
어떤 경우에도 될 수 있는 한 부정문을 사용하지 않는 것은 상대방에게 최선을 다한다는 성실함으로 비칩니다.

항상 의뢰형이나 청유형으로 말합니다

사람은 누구나 자신의 의지로 움직이고 싶어 하며 타인으로부터 지시나 명령을 들으면 마음속에 저항감이 생기게 됩니다. 특히 서비스맨이라면 어디까지나 결정권은 고객에게 맡기도록 하며 의뢰형 문장으로 지시를 부드럽게 합니다. "부탁합니다, Please" 등의 한마디를 붙이는 것만으로도 고객과의 대화가 부드러워질 수 있습니다.
또한 극장이나 음악회 등처럼 줄 지어 입장해야 하는 장소에서 "줄 서세요"라고 지시하기보다 "차례대로 모시겠습니다"라는 표현으로 고객을 유도하는 말의 기술이 필요합니다.
즉 상대방에게 '어떻게 하라, 하세요' 등의 명령형의 말보다 '~해 주시겠습니까?', '~해 주시기 바랍니다', '~해 주시면 감사하겠습니다' 등의 의뢰형이나 자신이 '어떻게 해주겠다'는 적극적인 응대의 화법을 사용하는 것이 좋습니다.

경어를 품위 있고 정중하게 구사합니다

상대방을 높이는 경어 표현은 자신의 인격을 돋보이게 합니다.
"차 마시세요"라는 말보다 "차 드시겠습니까?"라는 말이 듣는 사람의 기분을 훨씬 좋게 할 것입니다. 경어는 바로 '나를 중요하게 여겨준다', '나에게 경의를 나타내준다'라는 느낌을 받게 하기 때문입니다.
또한 자연스럽게 경어를 사용하는 것도 중요합니다. 매번 문장마다 '…입니다. …습니까? 하십시오.'를 연속적으로 사용하다 보면 듣는 사람으로 하여금 딱딱한 기계적인 느낌과 함께 부담을 줄 수도 있습니다. 경어를 구사화되 "…그렇지요. 네, 알겠습니다." 하는 식으로 자연스럽고 조화롭게 부드러운 표현을 사용하는 것이 좋습니다.

쿠션언어, 플러스 대화로 응대합니다

"저기…" 라든지 "여보세요." 등으로 말하고 싶은 것을 '실례합니다만…, 죄송합니다만' 등의 쿠션언어로 말하기 시작하면 우아하게 말 붙임이 가능합니다. 영어에는 "Excuse me"라는 편리한 단어가 있지요.
특히 상대의 욕구를 채워주지 못할 때, 안된다고 해야 할 때, 부정해야 할 때, 부탁할 때는 대화의 첫 부분에 쿠션을 줄 수 있는 말을 덧붙여 표현합니다. '죄송합니다만', '번거로우시겠습니다만', '실례합니다만', '바쁘시겠습니다만', '괜찮으시다면', '불편하시겠지만', '양해해 주신다면' 등의 쿠션언어는 뒤에 따라오는 내용을 부드럽게 연결시키고 보완하는 윤활유가 됩니다. 이 같은 쿠션언어를 이용해 부드럽고 품위 있게 말할 수 있습니다.
고객이 '서비스맨이 무성의하다'라고 느낄 때는 바로 행동만 하고 말을 하지 않을 때입니다. 말하지 않고 무표정한 행동으로 서비스를 한다면 친절함과는 거리가 멀어지게 됩니다. 그러므로 고객서비스 응대 시 한 가지 행동을 할 때 반드시 한 가지 말을 하는 것을 기본으로 합니다. 상대방은 두 단어, 즉 복수로 말할 때 친절함을 느끼게 됩니다.
다음 중 고객이나 상사가 부를 때 어떻게 하는 것이 바른 행동일까요?

1. 그냥 다가간다.
2. 다가가서 "부르셨습니까?"라고 한다.
3. 부르면 즉시 "네." 하고 대답하고, 다가가서는 "부르셨습니까, 손님?" 혹은 "부르셨습니까, 부장님?"이라고 밝은 목소리로 응대한다.

당연히 3번이 친절한 응대가 될 것입니다.
단순한 것 같지만 복수로 응대하는 것이 친절함을 느끼게 하는 데 크게 영향을 미치므로 실천하고 습관화시키도록 해야 합니다.
단 고객이 서비스맨에게 다가올 때, 일어서서 고객에게 인사하고 마음으로 다가가서 간절히 돕고 싶어 하는 것을 보여줍니다.
"네, 그렇게 하겠습니다."
"네, 부르셨습니까?"
"손님, 무엇을 도와드릴까요?"
"고객님, 잠시만 기다려주시겠습니까?"
"(오래 기다렸던 고객을 응대할 때) 손님, 오래 기다리셨습니다."

고객을 기억하여 호칭합니다
'자신을 기억해 주는 서비스가 가장 좋은 서비스'라는 통계 결과가 있습니다. 또한 호칭은 상대와 공감대를 형성하는 데 좋은 방법이 될 수 있습니다. 사람을 기억하기 위해서는 상대에 대한 관심과 노력이 필요하며 사람을 잘 기억하는 능력은 서비스맨에게 필수불가결하다고 할 수 있습니다. 즉 고객의 이름을 기억하여 사용하는 것은 고객과의 관계를 친밀하게 하는 좋은 방법이며 서비스맨의 의지가 있어야 합니다. 그러한 의지만 있다면 그리 어려운 일이 아닙니다. 또한 중요한 것은 언제나 호칭하는 것 그 자체가 중요한 것이 아니라 한 분 한 분 고객에게 관심을 갖고 알아주는 것이 목적입니다. 고객에게 어쩌다 '한 번 정도만 하면 되겠지' 하고 호칭하는 것은 고객에게 형식적인 느낌을 줄 수도 있습니다. 반면에 지나치게 남발하여 사용하면 오히려 부담스러울 수 있지요. '이때쯤이다'라고 생각될 때 자연스럽게 호칭하기 위해서는 그 타이밍, 상황 등을 파악하는 감성이 필요합니다. 또한 호칭은 고객으로부터 불평을 들었을 때 서비스회복의 좋은 기회가 되기도 합니다.

어느 승객이 승무원에게 서비스에 대해 언성을 높이며 심한 불평을 했습니다. 이때 그 승무원은 아무 변명도 없이 "김 사장님, 죄송합니다"라고 응대했습니다. 그러자 그 승객은 다소 누그러진 톤으로 "당신이 날 어떻게 알아?" 하고 물었습니다. "제 집에 오신 손님인데요. 불편한 점이 있으셨다면 정말 죄송합니다." 그 승객은 알았다며 자신의 좌석으로 돌아갔습니다. (승무원은 그 승객의 일행끼리 호칭하는 것을 듣고 기억해 둔 것이었습니다.) 만약 그 승무원이 "손님, 무엇 때문에 그러시죠?"라고 응대했다면 상황은 어떻게 되었을까요?
대부분의 사람들은 특별하게 인식되고 특별한 개인으로 보이는 것처럼 느끼고 싶어 합니다. 고객이 어떤 식으로 불리길 원하는지 아는 것은 그 고객을 응대하는 데 있어 매우 중요한 영향을 미칠 수 있습니다. 그러나 만약 고객과의 대화를 시작하자마자 호칭으로 인해 실수를 한다면 회복하기 쉽지 않습니다.
'손님'이란 호칭 대신 직함을 부르고 고객의 이름을 알고 대화를 통해서 몇 번 그리고 헤어질 때 인사하면서 이름을 사용합니다. 이는 서비스맨이 고객을 중요하게 인식하고 그들의 시간을 존중하는 것처럼 들릴 것입니다.

내 의지를 당당하게 전달하는 보이스 메이킹을 해봅시다

승무원 취업을 희망하는 사람들이 취업을 준비하고 가슴 졸이는 시간에 비교하면 면접은 찰나의 순간에 끝나버립니다. 이 짧은 시간 동안 어떻게 하면 자신의 이미지를 효과적으로 창출할 수 있을까요? 특히 대부분의 입사 면접이 질의와 응답 또는 토론으로 이뤄지고 있기 때문에 면접에서 좋은 점수를 얻는 데 음성이 끼치는 효과는 매우 크다고 할 수 있습니다.

사람을 평가하는 데 음성 역시 자신의 이미지메이킹에 큰 몫을 차지한다는 점을 명심하고 평소에도 훈련을 게을리하지 말아야 합니다.

미국의 심리학자 메라비언은 같은 말이라도 목소리에 따라 의사전달 효과가 38%나 좌우된다고 하였으며, 하버드 대학에서 연구·조사한 바에 따르면 청중의 80% 이상이 말하는 사람의 목소리만으로 그의 신체적·성격적 특성을 규정짓는다고 하였습니다. 목소리는 연사의 이미지를 결정짓는 중요한 요소가 되며, 나아가 의미전달 효과에도 큰 영향을 미치게 됩니다.

서류상에서 이미 파악된 나를 굳이 면접관들이 보려고 하는 이유는 무엇일까요? 나의 외적인 것도 중요하지만 나와의 대화를 통해 보다 많은 것을 알아내려고 하기 때문입니다. 보이스 메이킹에서 가장 중요한 것은 메시지와 메신저입니다. 내가 아무리 많은 내용을 알고 있어도 그것을 전달하는 메신저가 뒷받침되지 않는다면 그것은 올바른 커뮤니케이션이 되는 데 어려움이 있을 것입니다. 좋은 상품이라도 전달을 잘못했기 때문에 소비자의 손에 닿지 않고 사라지는 상품들이 얼마나 많은지 생각해 보십시오.

보이스를 곧 '울림'이라고 표현한다면 이는 성대의 울림이 아닌 나의 내면의 모든 것이 함께 어우러져 나오는 것이 진정한 울림임을 명심하십시오.

Exercise 밝은 음성 훈련

사람마다 자신의 독특한 목소리가 있어서 좋은 음성은 타고나는 것이기는 하지만 음성도 훈련을 통해 개발할 수 있습니다. 이에 따라 자신의 음성이 상대방에게 호감을 주기 힘들 정도라면 음성 연습을 통해 이를 교정할 필요가 있습니다. 전문가의 도움을 받을 수도 있겠지만, 그렇지 않은 경우 충분히 자신만의 연습으로도 음성을 효과적으로 사용할 수 있습니다.

어떻게 하는 것이 밝은 목소리로 말하는 방법일까요?

실제로 웃는 얼굴을 하고 있을 때 목소리는 가장 부드럽고 따뜻하게 들립니다.

앞서 연습한 표정 연출과 함께 다음과 같이 실험해 봅시다.

- 눈썹을 잔뜩 찌푸려 화가 난 표정을 지어봅니다. 그리고 매우 화가 난 듯한 낮은 목소리로 "제 이름은 ○○○입니다"를 발성해 보세요. 아마 목에서 부자연스럽게 나오는 발성으로 어색할 것입니다.
- 그렇다면 눈썹을 위로 동그랗게 긴장시킨 후 밝은 목소리로 발성해 봅시다. 그리고 아주 밝은 목소리로 "제 이름은 ○○○입니다"라고 발성해 보세요. 아주 자연스럽게 밝은 목소리가 흘러나올 것입니다.

이와 같이 밝은 목소리는 밝은 표정에서 나옵니다. 상대의 귀에 항상 밝고 즐거운 목소리를 건네줄 수 있는 밝은 마음을 가질 수 있도록 노력해야 합니다.

Exercise 신뢰와 호감을 주는 음성 개발하기

사람은 누구나 자신의 말하는 소리를 듣고 있습니다. 그러나 이 소리와 상대방에게 들리는 음성과는 약간의 차이가 있습니다. 자신의 목소리를 자신이 듣게 될 경우 두개골 내에서 약간의 울림을 거친 후 듣게 되기 때문에 남에게 들리는 음성보다 약간 낮은 톤으로 인식됩니다.

자신의 목소리를 가꾸기 위해서는 녹음기에 자기 목소리를 녹음해서 들어보세요. 대부분이 마음에 들지 않거나 깜짝 놀라고 어색해 합니다. 그러나 자신의 목소리를 반복해 들으면서 발성과 발음연습을 한다면 몰라보게 향상될 것입니다.

물론 음성은 타고나는 것이라 할 수 있지만 음성도 훈련 여하에 따라 충분히 맑고, 부드럽고, 거침 없고, 톤과 음량도 적당하고, 속도도 상대방이 듣기에 매우 적절하게 될 수 있습니다. 호감을 주는 매력 있는 목소리는 단지 꾸며서 나오는 것이 아닙니다. 깊고 풍부한 목소리가 나오도록 평소에 발음과 복식호흡을 연습해야 합니다.

복식호흡

스피치에서의 호흡법은 숨을 들이마시면 배가 자연스럽게 나오고 말을 할 때에는 배에 힘이 들어가는 복식호흡이 바람직합니다. 그러나 대부분 가슴으로 얕게 숨을 쉬는 흉식호흡을 해서 빈약하고 조급한 목소리와 짧은 스피치에도 목이 쉽게 잠기는 것을 볼 수 있습니다. 항상 자신의 호흡을 점검하며 복식호흡을 생활화하여 좋은 음성과 건강을 유지하도록 합니다.

발음연습

단어의 발음을 명확히 함으로써 듣는 이로 하여금 의미를 왜곡하지 않도록 합니다. 정확한 발음이야말로 고객에게 정보를 전달하거나 의사소통할 때 중요한 요소입니다.

발음을 분명하고 정확하게 하려면 일정 기간 발성 연습을 하는 것이 좋습니다. 입을 과장되게 크게 벌리고 배에서 울리는 소리로 복식호흡을 하면서 하루 10분 이상 책을 읽으면 발음이 크게 향상될 것입니다. 또박또박 발음할 수 있는 연습으로 나무젓가락을 입에 물고 책을 소리 내어 읽는 방법이 있는데 이때 횡격막을 단련시켜 자연스럽게 복식호흡이 될 수 있도록 한쪽 다리는 제기 차는 포즈로 들어주고, 저 멀리로 얘기한다는 기분으로 또박또박 책을 읽어보세요.

다음을 읽어보며 당신의 발음이 정확한지 점검해 보십시오.

1. 저기 저 콩깍지가 깐 콩깍지냐? 안 깐 콩깍지냐?
2. 저기 저 말뚝이 말을 맬 수 있는 말뚝이냐? 말을 맬 수 없는 말뚝이냐?
3. 저분은 백 법학박사이고 이분은 박 법학박사이다.
4. 한영 양장점 옆 한양 양장점, 한양 양장점 옆에 한영 양장점
5. 강낭콩 옆 빈 콩깍지는 완두콩 깐 빈 콩깍지고 완두콩 옆 빈 콩깍지는 강낭콩 깐 빈 콩깍지다.
6. 간장공장 공장장은 강 공장장이고 된장공장 공장장은 장 공장장이다.
7. 신진 샹송 가수의 신춘 샹송 쇼
8. 멍멍이네 꿀꿀이는 멍멍해도 꿀꿀하고 꿀꿀이네 멍멍이는 꿀꿀해도 멍멍하다.
9. 우리집 깨 죽은 검은 깨 깨죽인데 사람들은 햇콩 단콩 콩죽 깨죽 죽 먹기를 싫어하더라.
10. 내가 그린 구름 그림은 새털구름 그린 그림이고 네가 그린 구름 그림은 뭉게구름 그린 그림이다.

Exercise 효과적인 말하기 훈련법

표현을 잘하는 사람과 못하는 사람의 가장 중요한 차이는 말의 억양이나 속도에 변화를 주며 말하느냐 그렇지 않느냐에 달려 있습니다. 처음부터 끝까지 단조롭게 표현하면 듣는 사람을 지루하게 만들고, 의미전달을 효과적으로 할 수도 없습니다. 음성의 강약과 고저, 그리고 완급이 잘 조화된 언어 표현을 익혀야 합니다.

띄어 말하기

글을 쓸 때는 단어 중심으로 띄어 쓰지만 말에서는 그 의미나 흐름에 맞추어 어구를 한 단위로 묶어서 말하는 게 보통입니다. 즉 한 어구 안에서의 낱말은 붙여서 표현하는 것이 물 흐르듯 자연스럽다는 뜻이지요.

음성의 고저, 강약, 완급

내용이 좋은 신문 사설을 선택하여 말의 강약, 어조의 빠르기에 변화를 주며 읽되, 읽는 게 아니라 마치 친구에게 말하듯 자연스럽게, 천천히 그리고 약간 큰소리로 읽어보세요. 문장 끝에 '있다', '없다', '~것이다'를 '있습니다', '없습니다', '것입니다' 등의 구어체로 바꾸어서 읽습니다.

감정이입

목소리에도 자신만의 마음과 독특한 표정을 담도록 가꾸어 나가야 합니다.

매번 "~하시겠습니까?"로 책을 읽는 듯한 일률적인 어투의 항공사 승무원, 늘 같은 톤의 "어서 오십시오"를 외치는 식당종업원, 날아갈 듯 높은 톤의 "안녕하십니까?"로 시작하는 전화교환원 등 결국 발음하는 사람의 목소리를 통해 개인의 음성이미지가 느껴지게 됩니다. "말 속에 자기를 투입하라"는 데일 카네기의 말이 있습니다. 억양이나 속도에 변화를 주고 띄어 말하기를 한다 해도 화자가 자기의 말에 진심과 열성을 담지 않고 건성으로 말한다면 결코 듣는 사람의 마음을 사로잡을 수 없습니다. 말할 때 내용과 일치되는 감정을 목소리와 표정에 담아야 합니다.

면접 당일 준비해야 할 사항입니다

소지품 체크 포인트

면접을 보러 가기 전 면접장소와 위치, 출발지에서부터의 소요시간 등을 감안해서 당일에는 일찍 출발하도록 합니다. 소지품은 전날 미리 점검하며, 언제나 외출 시 휴대하는 물건에 편리하고 안심되는 물건들을 플러스해서 최소한 간단히 준비합니다.

- 사진(여분), 수험표
- 손수건, 티슈
- 화장도구, 향수, 손거울
- 스타킹
- 정전기 스프레이
- 젤, 헤어스프레이, 실핀
- 생리용품
- 필기도구(연필, 지우개, 흑색볼펜)
- 지갑(잔돈), 휴대폰
- 콘택트렌즈 케어물품
- 바늘, 반짇고리, 안전핀
- 우천대비 우산
- 신발케어 세트
- 비스킷, 초콜릿, 껌 등 간식

단정한 Hair-do

대체로 서비스업에 종사하는 여성에게 요구되는 헤어스타일은 어떤 스타일이든 단정함과 깔끔함입니다. 머리가 단정한지 그렇지 않은지는 인사할 때 앞, 옆, 뒷머리가 한 가닥이라도 흘러내려 불필요하게 손으로 정리해야 하는지 여부를 점검해 보면 간단히 알 수 있습니다.

긴 머리인 경우에는 뒤로 단정히 묶어 망을 하고 젤이나 스프레이를 사용하여 잔머리까지 말끔하게 처리하여 최대한 단정하고 깔끔한 인상을 주도록 합니다. 커트머리 역시 젤이나 스프레이를 이용하여 귀 뒤로 넘깁니다. 특히 가급적 얼굴을 드러내도록 하며 앞머리가 눈을 가리지 않도록 주의합니다.

파마머리는 반드시 드라이기로 단정히 펴야 합니다. 그리고 염색머리는 피하십시오.

유니폼을 입는 스튜어디스의 경우 각 항공사별 유니폼에 맞는 Hair-do로써 항상 청결·단정해야 하고 Uniform 색상 및 얼굴형과 조화를 이루어야 합니다.

■ Short Cut형

- 길이는 어깨선보다 짧게 유지되어야 합니다.
- 어두운 인상을 주지 않도록 하며 앞머리는 눈을 가려서는 안됩니다.
- Hair Spray, Gel, Mousse를 지나치게 사용해서는 안됩니다.
- 지나친 유행은 삼가야 합니다.

■ 단발머리형

- 길이는 어깨선보다 짧게 유지되어야 합니다.
- 옆머리는 흘러내리지 않아야 합니다.
- 지나치게 유행을 따르지 않아야 합니다.

■ 긴 머리형

- 반드시 묶거나 땋아서 Down Style로 고정시키되 그 길이는 뒤쪽 칼라 아래에서 지나치게 초과하지 않도록 합니다.
- 목 뒷부분에 잔머리가 남지 않도록 고정시켜 흘러내리지 않도록 합니다.

밝고 건강한 Make-up

짧은 시간에 평가되는 면접은 상대방에게 신뢰감과 자신감 있는 인상을 주어야 하므로 깔끔하고 단정해 보이도록 합니다. 또한 밝고 건강하며 상대방에게 부드러운 인상을 줄 수 있는 자연스러운 Make-up이 되도록 합니다. 항공사에 따라 유니폼을 입고 면접에 응시하도록 하는 경우도 있으므로 필요시 의상에 어울리는 색상의 Make-up이 필요합니다.

메이크업은 자신의 개성을 살려 밝고 자연스럽게 해야 하며, 지나칠 정도로 유행에 민감한 메이크업이나 마치 분장한 듯 너무 진한 화장이나 어두운 느낌의 색조화장 등 인위적으로 표현한 부분이 눈에 띄는 스타일은 피하는 것이 좋습니다. 특히 면접을 위한 메이크업으로는 항상 밝고 건강함을 나타내는 화장법을 이용하여 자신의 세련됨을 자연스럽게 표출할 수 있어야 합니다.

Make-up 실습

Base 메이크업

자연스럽고 지속성 있는 메이크업을 하려면 유분과 수분의 밸런스가 잡힌 맑고 투명한 피부가 기초가 되어야 합니다. 메이크업에 앞서 정성스러운 세안과 마사지로 충분한 영양을 공급해 주어야 보다 자연스럽고 산뜻한 메이크업을 할 수 있습니다.

메이크업베이스(Make-up Base)

파운데이션을 바르기 전에 발라주는 밑화장용 화장품으로서 피부색을 보정하고 균일하게 만들어서 깨끗한 피부를 만들어주며 피부를 보호해 줍니다. 파운데이션의 퍼짐을 좋게 하고 균일하게 잘 밀착되도록 하며 화장의 지속성을 높여주나 지나치게 많이 바르면 오히려 파운데이션이 밀리게 되므로 소량 바르는 것이 좋습니다. 피부색에 따라 색상을 선택하여 사용할 수 있습니다.

파운데이션(Foundation)

완벽한 메이크업은 맑고 깨끗한 피부 표현에서 시작됩니다. 피부 표현을 위한 Base 메이크업의 완성은 파운데이션을 바른 후 파우더의 마무리로 끝납니다. 특히 자연스러운 메이크업이 강조되므로 자신의 피부색에 맞는 파운데이션을 선택하여 청결하고 투명한 피부를 연출할 수 있도록 합니다.
색상은 얼굴과 목의 중간색으로 선택하여 화장 후 얼굴과 목의 색차이가 나지 않도록 하고, 좀 더 입체적인 화장을 원한다면 T존 부위는 하이라이트 컬러를, 턱과 이마, 볼의 끝선은 어두운 컬러를 선택합니다.

파우더(Powder)

파우더는 피부 화장의 마지막 단계에서 파운데이션의 수분이나 유분을 눌러 피부에 잘 스며들도록 하여 메이크업을 조화시키고 오래 지속시켜 주는 역할을 합니다. 색조는 가능한 밝게 표현해야 하므로 일반적으로 자신의 피부보다 약간 밝은 톤의 투명 타입 파우더가 가장 자연스럽게 마무리됩니다.
파우더보다 투웨이케이크(Two Way Cake) 화장이 간편하여 선호하는 경향이 있으나, 피부 노화를 촉진하고 화장이 두꺼워져 자연스러운 느낌을 감소시키는 단점이 있습니다.

Point 메이크업

● 눈썹(Eye Brow)

눈썹은 얼굴 전체의 이미지를 좌우하므로, 자신의 얼굴형에 어울리는 자연스러운 눈썹을 그리는 것이 중요합니다.
눈썹은 얼굴의 이미지를 결정하므로 색상은 기본적으로 자신의 머리카락 색상과 비슷한 것을 선택합니다. 눈썹을 그릴 때 눈썹 산의 모양을 각지게 그렸을 경우 지적으로 보이긴 하나 다소 차가운 인상으로 보이기도 하므로 밝은 얼굴 표정을 위해 약간 둥근 모양의 자연스러운 곡선미를 살려 부드러운 느낌을 주도록 합니다.
눈썹을 그릴 때 유의해야 할 것은 코의 모양도 함께 생각하는 것입니다. 얼굴 중앙에 있는 코에는 그 사람의 성격이나 의지가 표현될 수 있으므로 좋은 이미지를 나타내도록 유의해야 합니다. 얼굴에 비례해 큰 코를 작게 보이려 할 때에는 눈썹을 벌어지게 그려주고, 작은 코를 크게 보이려 할 때는 눈썹을 좁게 그려줍니다.
눈썹 그리기는 눈썹을 다듬는 데서부터 시작됩니다. 제일 먼저 눈썹 브러시를 이용하여 눈썹결대로 빗어줍니다.
다음 아이브로 펜슬을 사용하여 눈썹 모양을 잡고 눈썹 산에서 눈썹 끝으로 그려주되 기본 위치를 미리 잡아두면 편합니다. 눈썹을 그릴 때 눈썹 머리는 눈의 머리 바로 위, 콧망울과 일직선이 되게 하고 눈썹 꼬리는 45도 정도를 유지하고 눈썹 산은 전체 길이의 2/3 지점에 두는 것이 이상적입니다. 눈썹 머리는 너무 진하거나 굵지 않게 살살 그려 마무리합니다. 머리색에 맞춰 회색이나 갈색 섀도를 눈썹용 브러시에 묻혀 빈틈을 메우듯 그립니다. 머리 쪽보다 꼬리 쪽을 얇게 그리며 진하거나 뭉친 부분은 면봉으로 수정하고 마지막으로 다시 한 번 브러시로 빗어줍니다.

● 눈화장(Eye Shadow)

눈은 인상을 좌우할 수 있는 중요한 포인트이므로 얼굴에 생기를 주고 맑고 또렷한 눈매가 연출될 수 있도록 하는 메이크업 기술이 필요합니다.
눈 주위에 음영을 넣어 눈을 보다 크고 아름답게 만드는 것이 눈화장의 역할이라고 볼 수 있습니다. 색상은 본인의 피부색에 맞추어 잘 어울리는 것으로 선택하고 개성 위주의 지나치게 진한 색상보다는 보는 이로 하여금 편안한 느낌을 갖게 하는 온화한 색상의 눈화장이 바람직합니다. 특히 서비스맨은 화사한 느낌의 색상을 사용합니다.

● 아이 라인(Eye Line)

아이 라인은 눈의 이미지를 자유롭게 변화시키고 눈의 인상을 보다 강하게 해줍니다. 아이라인은 섀도 위에 그려지는 부분으로 실패하지 않도록 신중하게 그려야 하며 너무 두껍게 그려 탁해 보이거나 부담스럽지 않도록 눈의 선을 따라 자연스럽고 가늘게 그려 눈망울이 더욱 또렷하고 맑게 보이도록 합니다.

◎ 마스카라(Mascara)

짙고 풍부한 속눈썹은 아름다움의 상징입니다. 속눈썹은 마스카라를 바름으로써 더욱 길고 짙게 하여 깊이 있는 눈매를 연출할 수 있습니다. 간혹 너무 뭉쳐 있어 보기에 답답할 경우도 있으므로 뭉침을 막고 자연스러운 마무리를 위해 속눈썹이 반 정도 말랐을 때 브러시로 빗어 마무리합니다.

◎ 입술

입술화장은 메이크업의 전체적인 인상을 결정짓는 포인트가 되기도 합니다.
우선 베이스화장으로 원래의 입술 색을 꼼꼼하게 커버하고 립펜슬이나 립브러시를 이용해서 입술 선을 먼저 그리고 안을 채웁니다. 이때 입술 선은 원래 입술에서 1mm 이상 커지지 않도록 하고 바른 후 입술 선이 번지지 않도록 깔끔하게 마무리합니다.
립스틱의 색상 또한 의상과 자신의 피부색에 어울리는 것으로 너무 진하거나 어둡지 않은 붉은 계열의 색상이 좋으며 눈화장, 볼터치의 색깔과 어울리는 색으로 합니다. 특히 면접시험장의 밝기를 고려하여 붉은색 계통의 립스틱과 립스틱 라인을 적절히 사용하여 편안하고 생기 있는 립스틱이 되도록 합니다.

◎ 볼터치

볼터치는 메이크업의 마무리 단계로 얼굴의 혈색을 좋게 하고 음영을 주어 얼굴형의 결점을 보완해 줍니다. 색상은 눈화장과 같은 계열을 선택하는 것이 자연스러우며 경계선이 두드러질 정도로 얼굴형을 수정하는 지나친 개성 연출의 화장보다는 피부에 혈색을 주는 차원에서 볼 부위에 살짝 덧바르는 것이 좋습니다.
대체로 뺨이나 턱은 얼굴의 형태를 이루는 선을 결정하는 데 중요한 부분입니다.
얼굴이 큰 사람은 얼굴을 좀 더 가늘어 보이게 하기 위해, 그리고 볼 살이 없는 사람도 밝고 붉은 색상의 섀도로 하이라이트를 주어 건강하고 부드러운 느낌의 이미지를 만들도록 합니다.
바르는 방법은 눈동자를 중심으로 수직선을 긋고 콧망울을 중심으로 수평선을 그은 범위 내에서 은은하게 표현합니다. 볼터치를 볼 전체에 얇게 펴 바를 때에는 볼의 중심에서 바깥쪽으로 원을 그려가면서 펴 바르고, 길게 바를 때에는 광대뼈를 중심으로 귀에서 입꼬리를 향해 긴 타원형을 그리듯이 바릅니다.

매니큐어(Manicure)

지나치게 긴 손톱은 왠지 화려한 느낌이거나 자칫 청결하지 못하게까지 비치므로 적당한 길이를 유지하는 것이 좋습니다. 손톱 색상 하나만으로도 그 사람의 이미지가 달리 보이기도 하므로 Red, Orange, Pink 계열의 매니큐어를 칠해 깔끔하고 세련된 손의 분위기를 연출하며 입술화장, 유니폼과 어울리는 색상을 선택하는 것이 좋습니다. 매니큐어가 벗겨진 손톱은 불결하고 게을러 보입니다. 손톱의 길이는 2~3mm를 넘지 않도록 하고, 투명한 매니큐어를 바를 때에는 손톱의 길이가 1mm를 넘지 않도록 합니다.

향수

향수는 자신의 개성에 맞는 향을 골라 적당한 양을 사용합니다. 주위 사람들에게 눈총을 받을 정도로 진한 향이나 독한 향을 뿌리는 것은 삼가고, 은은하고 상쾌함을 줄 수 있도록 합니다.

여성의 용모

① 화장

- 자연스럽고 밝은 분위기의 화장인가.
- 건강미가 표현되어 있는가.
- 너무 진하거나 요란하여 사람들에게 불쾌감을 주지는 않는가.
- 옷이나 유니폼에 잘 어울리는가.

② 머리

- 머리 모양이 유행에 치우쳐서 남에게 거부감을 주지는 않는가.
- 앞, 옆 머리카락이 얼굴을 가리지 않는가.
- 단정하고 깨끗하게 정리되어 있는가.
- 헤어 스프레이나 무스를 지나치게 사용하여 번들거리지는 않는가.

③ 손

- 손톱의 길이가 적당한가.
- 매니큐어를 칠했는가.
- 매니큐어 색상은 적절하며 벗겨지지 않고 잘 유지되어 있는가.

④ 상의

- 옷깃이나 소매 등이 더러워져 있지는 않은가.
- 속옷이 비치지는 않는가.
- 활동하기 편한가.
- 너무 눈에 띄는 디자인이나 색상, 소재는 아닌가.
- 다림질 상태는 양호한가.
- 유니폼일 경우 규정대로 착용하고 있는가.

⑤ 스커트

- 너무 꽉 맞지 않는가.
- 다림질이 제대로 되어 있는가.
- 단은 터진 곳 없이 잘 정돈되어 있는가.
- 스커트 길이는 적당한가.

⑥ 스타킹

- 착용하였는가.
- 의상과 어울리는 소재나 무늬인가. (색상이 화려하거나 요란하지 않은가.)
- 올이 풀리지는 않았는가.

⑦ 구두

- 발에 잘 맞는가.
- 광택이 있거나 화려한 색은 아닌가.
- 유행을 쫓아 통굽이나 샌들을 신지는 않았는가.
- 잘 닦아 청결한 상태인가.

⑧ 액세서리

- 의상(정장)에 어울리는 것인가.
- 지나치게 대담한 디자인은 아닌가.
- 개수는 적당한가.

복장은 깔끔한 인상의 핵심 포인트

면접에서의 옷차림은 나를 드러내야 하는 만큼 간결하고 단정한 느낌을 주는 것이 가장 중요합니다. 면접관은 모델이나 탤런트를 뽑는 것이 아니라 회사의 일꾼을 뽑는 것입니다. 하지만 그 회사의 일꾼은 언제 어디서나 회사를 대표할 수 있으므로 깔끔하고 정돈된 이미지를 가진 사람에게 호감을 갖는 것은 당연한 일일 것입니다.

일반적인 면접 시 기본 옷차림은 무릎 길이의 스커트차림 정장입니다. 색상은 차분한 회색 또는 화사한 베이지, 검정색 등이 좋습니다. 이러한 색상이 전체적으로 안정감을 주되 얼굴을 돋보이게 할 수 있기 때문입니다. 복잡한 장식보다는 심플한 라인의 정장이 세련되어 보이기 때문에 옷 전체에 들어가는 색상이 세 가지 색 이내가 되도록 합니다. 또한 붉은색, 진한 핑크 등은 본인에게 어울린다고 해도 면접용으로는 화려한 인상을 주게 되므로 바람직하지 않습니다. 옷만 눈에 띄고 정작 보여야 할 응시자의 인상이 흐리게 되면 아무 의미가 없기 때문입니다.

또한 더운 여름에 무리해서 긴 옷을 입을 필요도 없으나 노출이 심한 복장은 피합니다.

스튜어디스 면접 시 복장은 계절과 무관하게 상의는 흰색이나 아이보리색의 반소매 블라우스나 남방셔츠, 하의는 무릎 위 5cm 길이의 검정색 치마를 입도록 합니다. 여기에 살색이나 커피1호의 스타킹과 장식이 없는 검정색 하이힐을 신는 것이 무난합니다.

최근에는 자신의 개성을 살릴 수 있는 활동적인 바지차림으로 면접을 보도록 하는 항공사도 있습니다. 이런 경우는 자신의 감각을 잘 표현할 수 있도록 입되 면접이니만큼 격식 있는 정장차림이 원칙임을 잊지 마십시오.

발끝까지 준비하십시오

구두는 하이힐이나 뒤축이 없는 스타일보다 굽이 적당하고 심플한 디자인의 플레인 스타일이 무난합니다.

갖고 있는 옷이나 신발 등이 없을 때에는 새로 구입하게 되는데 구입 후 반드시 몇 번 신어보고 몸에 익혀두도록 합니다. 소매 끝이 딱딱해서 마음에 걸린다든지, 신발 끝이 살에 닿아서 아프거나 발가락이 아프다든지 등등 입고 신은 상태에 따라 알 수 없는 불편함이 있게 되므로 사전에 예방하는 것이 좋습니다. 옷이나 신발이 마음에 걸려서 시험에 집중하지 못한다면 곤란하므로 입고 있는 옷은 잊어버릴 정도로 몸에 익혀 놓는 것이 좋습니다. 뒷모습을 고려해 구두 뒤까지 깨끗하게 닦아놓습니다.

제2절 면접 Interview 준비

면접 시작에서 마칠 때까지 프러시저별 유의사항

면접대기실까지

- 회사의 현관에 들어서는 입구에서부터 면접시험은 시작됩니다.
- 안내데스크의 직원과 만나거나 엘리베이터, 계단을 이용할 때 사람들에게 가볍게 눈인사를 나누거나 목례를 합니다.
- 로비나 엘리베이터, 화장실 등에서는 잡담을 하지 않도록 하고 협소한 공간에서는 특히 정숙하십시오.

면접대기실에서

- 같은 조의 사람이라면 통성명 또는 대화를 하며 긴장을 풀 수 있습니다. 함께 입장할 사람들과 친숙감을 느끼면 면접장에서 옆사람과의 친분을 생각하며 안정될 수 있을 것입니다.
- 대기실에서는 침착하고 바른 자세로 기다리며 자주 왔다 갔다 하거나 옆사람과의 잡담, 휴대폰 통화는 하지 않도록 합니다.
- 기다리는 동안 예상되는 질문에 관해 마음속으로 그 대답을 정리해 보도록 하세요.
- 자기 차례가 가까워지면 옷매무시를 가다듬고 얼굴이 굳어지지 않도록 마음을 가라앉히고 긴장을 풉니다. (필요하다면 화장은 화장실에서 미리 고치도록 하세요.)
- 최종적으로 지원동기 그리고 기본적인 사항들을 침착하게 정리해 봅니다.

- 최종점검을 하는 순간 입과 눈, 전신근육 이완동작을 취합니다. (이때 치아에 립스틱이 묻었는지 블라우스가 밖으로 나오지 않았는지, 머리가 단정한지, 얼굴이 번들거리지 않는지 등을 점검하세요.)

면접장에 들어갈 때

- 면접장에 노크를 하며 문을 여는 순간 호흡을 가다듬어 긴장을 풀도록 합니다. (문을 여닫을 때는 조용하고 신속하게 행동합니다.)
- 면접장에 발을 들여놓는 순간 면접관을 보며 가볍게 목례 또는 눈인사와 함께 가장 밝은 미소를 짓도록 합니다. 이때 되도록 시험관에게 자신의 등을 보이지 않는 것이 좋습니다.
- 앞사람의 뒷머리를 보고 미소 지으며 바르게 걸어서 자기 자리로 찾아가 차려 자세로 섭니다.
- 전체적으로 인사를 하는 순간 "안녕하십니까?" 하며 면접관을 보고 미소를 짓습니다.

  나에 대한 본격적인 소개의 시작입니다.

자기소개 및 질의 응답

- 자기소개를 하는 동안은 면접관을 바라보고 골고루 Eye Contact하며 미소를 지으며 침착하게 이야기하세요. 이때 허공이나 땅을 보지 않도록 유의하십시오.
- 자신이 호명되어 질문을 받을 때는 질문을 한 면접관을 보며 "네"라는 말과 함께 미소 지으며 응합니다.
- 질문에 대한 답변은 생각은 짧게, 바로 답변하도록 하며 만약 잘 모르는 내용은 바로 "죄송합니다. 준비를 못 해서(긴장이 되어서) 잘 모르겠습니다"고 말해 시간을 끌지 않도록 합니다.

- 답변을 할 때는 정확한 발음과 적당한 크기로 또박또박 간략하게 답변합니다.
- 면접관이 답변 내용에 대해 의문을 제시하면 "네, 그렇게 보이셨습니까?", "지적해 주셔서 감사합니다"라고 합니다. 머리를 긁적이거나 혀를 내밀어서는 안됩니다.
- 다른 면접자가 답변하는 동안은 다른 사람의 말도 잘 경청하며 혹여 다른 응시자를 빤히 쳐다보거나 무표정하게 서 있지 않도록 주의합니다. 나만이 잘난 듯한 인상을 주지 않고 분위기에 잘 융화하는지, 즉 농담이나 상대방의 답변을 잘 듣고 있는지도 평가의 내용이 됩니다.
- 면접 동안에 서 있을 때 등이 굽어 있는지 다리가 벌어지거나 흔들고 있는지 손을 만지작거리는지 얼굴이 굳어 있는지 등은 항상 평가되고 있음을 기억하십시오.

면접이 끝났을 때

- 면접관이 "예, 수고하셨습니다"라고 말했을 때 눈인사와 함께 가볍게 미소 지으며 목례합니다.
- 전체적으로 "감사합니다"를 말하며 인사를 할 때 마지막 인사이므로 더욱 밝고 활기차게 미소를 짓습니다. 대부분의 응시자들은 인사가 면접의 끝이라고 생각하지만 면접이 끝났더라도 면접실을 나설 때까지 긴장을 풀어서는 안되겠지요.

면접장을 나갈 때

- 끝까지 흐트러지지 않은 자세로 질서 있게 걸어 나갑니다.
- 가급적이면 문을 열고 나올 때에도 뒷모습이 보이지 않도록 주의합니다.
- 조용히 문을 열고 나가 문소리가 크게 나지 않도록 주의하며 닫습니다.

• 문을 닫고 나가자마자 긴장이 풀어져서 크게 한숨을 쉬거나 다른 응시자와 시끄럽게 잡담을 하지 않도록 유의하십시오.

면접 Interview 시 유의사항

심리와 신체를 이용하여 긴장을 줄이십시오

누구나 면접에 임하기 전에는 면접에 대한 심리적 부담과 실수하지 않고 잘해야 한다는 생각으로 불안, 초조, 긴장이 고조됩니다. 그러나 지나친 긴장은 오히려 실수를 야기해 마이너스 요인이 되므로 자신이 적절히 컨트롤해야 합니다. 이러한 심리적 갈등을 어떻게 극복하느냐에 따라 면접의 성패가 좌우되므로 심리적 안정감은 무엇보다 중요합니다.

심리적 안정감을 갖고 대중 앞에서 당당하고 자신 있게 말할 수 있어야 일에 대한 열정이나 창의력을 최대한 드러낼 수 있습니다.

- 우선 시간의 여유는 마음의 여유이므로 교통상황을 감안하여 여유 있게 면접 시간 전에 도착합니다.
- 심리적 안정감을 위해 숨을 깊게 들이쉬고 몸을 느슨하게 한 뒤 공기를 천천히 내쉬도록 합니다.
- 몸의 근육 전체를 탄탄하게 조인 다음 천천히 이완시킵니다. 발, 다리부터 신체 각 부분을 하나씩 조이고 풀어보십시오.

긴장하지 않도록 자신을 컨트롤할 수 있는 것도 성공적인 면접준비입니다.

3년차 스튜어디스 P양 입사후기

제가 대한항공이라는 회사에서 승무원으로 일한 지 벌써 3년이라는 시간이 지났습니다. 새삼 시간이 정말 빠르단 생각이 듭니다.

처음으로 제가 승무원이 되고 싶다는 생각이 들었던 것은 아마 대학교를 졸업하고 처음으로 회사에 취직을 하였을 때였던 것 같습니다.

제가 처음으로 입사했던 곳은 공항의 라운지였기 때문에 승무원들을 자주 볼 수 있었으며 그때부터 승무원이 되고 싶다는 생각이 점점 제 마음속에 자리를 잡아갔던 것 같습니다.

처음에는 막연한 동경이었습니다.

나는 이렇게 좁은 공간에 갇혀 있는데 저분들은 세상 여러 곳을 다니며 많은 것들을 보고 경험한다는 것에 대한 부러움이었던 것 같습니다.

어렸을 때부터 사람들과 어울리며 사귀는 것을 좋아했기 때문에 서비스직이 저에게 맞다고 생각했고 직업도 맞게 찾았다고 생각했는데 어느새 새로운 도전목표가 생긴 것 같았습니다. 그러면서 저의 꿈이 서서히 구체화되었던 것 같습니다.

그때부터 언제 구인공고가 나는지, 승무원이 되려면 어떤 마음가짐을 가지고 준비를 해야 하는지, 면접을 위해서 무슨 공부를 해야 하는지 등의 여러 가지가 궁금했고, 그래서 인터넷을 뒤지며 준비했고, 채용공고가 나기만을 기다리고 기다렸습니다.

좌절도 있었습니다. 면접에서 떨어지기도 했습니다. 하지만 쉽게 포기하기에는 너무 아쉬웠습니다.

대한항공 채용공고가 나왔을 때 정말 두근거렸습니다.

서류전형을 통과하고 1차 면접날이 다가오면서 정말 제가 잘할 수 있을지 걱정되어 잠이 안 온 적도 있었습니다. 외국어로 자기소개, 지원하게 된 동기, 저의 장단점 등을 노트에 적어서 외우기도 했고 면접관님들께서 물어보실 것 같은 질문을 회사 홈페이지나 기타 여러 곳에서 찾아서 적어놓고 외웠습니다.

면접을 보기 위해 면접장소에 도착하니 지원자분들 모두 어쩌면 그렇게 열심히 준비하고 출중한지 기가 죽어 얼굴을 들고 있기가 부끄럽더군요.…

하지만 마지막일지도 모르는 기회를 놓칠 수 없다는 생각에 마음을 다잡고 최선을 다하자는 말만 되새겼습니다.

드디어 면접을 보기 위해 들어가니 면접관분들이 떨고 있는 저희들에게 긴장을 풀라며 심호흡을 크게 하라고 하시더군요. 얼마나 감사했는지 모릅니다. 그땐 정말 너무 긴장을 해서 눈앞이 보이지도 않았습니다.

그래서 그런지 간단한 자기소개와 개인질문, 단체질문 등이 이어졌지만 처음만큼 떨리지 않았던 것 같습니다.

면접을 마치고 나오는데 어디에서 나오셨는지 기자분들이 지원자들 사진도 찍고 인터뷰도 하시는 모습을 보았습니다. 지금도 그렇지만 그 당시에도 취업난이 심각했기 때문에 승무원채용이라는 문구를 가지고 기사화하려고 했던 것 같습니다. 그 모습에 면접을 보고 나온 제 어깨가 더욱 축 처졌습니다. 제가 되리라는 희망이 점점 눈앞에서 멀어지는 것 같았습니다.

시간이 더욱 더디게만 느껴졌고 발표날이 안 올 것 같아 두려웠습니다.

마침내 발표날이 다가왔고 결과는 합격! 너무 기뻤습니다.

하지만 2차 면접 또한 걱정으로 다가왔죠. 이젠 임원진 면접이었습니다.

1차 면접 때와는 달리 이번엔 혼자서 들어가 면접을 보아야 했기에 긴장은 더했고 이번만 통과하면 제 꿈에 한 발자국 더 다가갈 수 있다는 생각에 더욱더 떨렸습니다.

2차 면접에서는 새로운 롤 플레이 형식의 문제도 출제되었고 1차 면접 때보다 더욱더 세세하고 깊이 있게 질문을 하셔서 가슴이 철렁 내려앉기도 했습니다.

아마 그룹면접에서 개인면접으로 면접의 형태가 바뀌어서 더욱 그렇게 느껴졌는지도 모르겠습니다.

2차 면접도 끝나고 기다리는 일만 남았었습니다.

아마 그 기간이 저에게 가장 길게 느껴졌던 시간이었던 것 같습니다.

하지만 고진감래라고 했던가요?

마지막 합격자 발표날이 되어 홈페이지에 저의 주민번호를 넣고 기다리고 있는데…

"축하합니다.…"

그 순간 너무 기뻐 '춤이라도 추라면 출 수 있겠다'라고 생각했습니다.

제가 하고자 하는 일을 할 수 있다는 것이 이렇게 행복한 일이란 것을 그때 처음 알았던 것 같습니다.

그때의 일이 바로 어제 같은데 벌써 햇수로 3년이라는 시간이 흘렀다니 너무 놀라울 따름입니다.

승무원이 되고 난 뒤, 손에 익지 않았던 일이 서서히 익숙해지고, 여러 사람을 만나게 되었고, 여러 가지 분야에서 내가 몰랐던 부분을 배워가며, 내가 모르는 사이에 시간이 이렇게 흘러버린 것 같습니다.

아마 애로사항을 말하라고 한다면 모두가 예상할 수 있는… 시간을 역행하기에 체력적으로 힘에 부친다는 것일 것입니다.

그래서 더욱 체력적으로 신경을 써야 하는 직업임에는 틀림없고 끊임없이 자기관리를 해야 하는 직업임에도 틀림없을 것입니다.

3년이라는 시간이 길다면 길고 짧다면 짧은 기간이기에…

지금 제가 처음에 생각하고, 되고자 했던 승무원이 되었다고 장담할 수는 없지만 앞으로 시간이 더 흘러 나 자신을 뒤돌아봤을 때 부끄럽지 않은 승무원이 되기를 바랍니다.

면접은 이미 대기실에서부터 시작입니다

대기실에서는 인사담당자의 안내에 따르고 차분히 기다립니다. 혹여 주위 사람과 잡담을 늘어놓거나 긴장을 풀기 위해 여기저기 통화하는 것은 좋지 않습니다. 대기실에서부터 나의 첫인상이 결정되었다고 해도 과언이 아닙니다.

심지어 화장실을 사용할 때에도 자신이 그 회사에 지원하러 온 사람임을 잊지 말고 행동에 주의하는 것이 필요합니다.

면접평가는 면접 순서를 기다릴 때의 태도부터 시작해서 면접을 마치고 나가는 태도, 말씨와 행동, 남에 대한 배려 등을 종합적으로 평가하게 됩니다.

자신을 나타낼 수 있는 서류 몇 장과 들려오는 당신의 목소리, 면접장에 들어오는 태도, 인사하는 법, 앉은 자세, 말하는 법 등을 통해 인사담당자는 아주 세세한 부분에서부터 당신에 대한 점수를 매기게 될 것입니다. 좋은 첫인상은 친밀감과 동시에 신뢰가 느껴지는 당신의 정돈된 행동에서부터 시작됩니다.

5분 안에 내가 가진 최고의 가치를 보이십시오

'몸은 입보다 더 많은 말을 한다'는 이야기가 있습니다. 그만큼 스피치에 있어서 표정이나 제스처가 중요합니다. 몸은 의사표현의 직접적인 수단이 되기도 하고 때로는 간접적인 의사보충 효과를 나타내기도 합니다. 냉정하고 침착하게 감정을 조절할 줄 아는 사람은 분명하며 단정한 절도 있는 몸짓을 사용합니다.

■ 걸음걸이

안내자의 안내를 받아 면접장에 들어가면 머뭇거리거나 주저하지 마십시오. 면접장소의 문을 통과할 때도 갑자기 걷는 속도를 줄이지 말고 평소와 같은 속도로 면접관을 향해 똑바로 자신감 있게 당당하게 걷습니다.

면접 장소에서 보디랭귀지만큼이나 중요하게 작용하는 것이 바로 걸음걸이입니다. 사람마다 걸음걸이는 모두 다르지만 어깨를 꾸부정하게 굽히고 처진 인상의 걸음을 걷는 사람은 결코 어느 곳에서도 좋은 평가를 받기는 힘들 것입니다. 그러므로 자신감 있고 매력적인 걸음걸이를 위해서는 평소의 연습이 필요합니다.

자연스럽게 평소 걷는 대로 바른 자세로 아름답게 걸으십시오.

■ 표정과 시선

표정은 첫인상을 결정하는 데 매우 중요한 요소입니다. 실제로 면접에 들어가서 나올 때까지 시종 생기 넘치는 표정으로 웃는 얼굴을 유지하는 것이 중요합니다.

또한 표정만큼 중요한 것이 시선입니다. 허공이나 바닥에 시선을 고정시키거나 한쪽만 쳐다보는 일이 없이 면접관 한 사람, 한 사람에게 골고루 시선을 보내고 교환하도록 합니다. 면접관을 볼 때는 얼굴의 한 곳을 응시하기보다 주로 미간 즉 눈썹과 눈썹 사이와 턱, 넥타이 매듭부분으로 가끔씩 시선을 바꿔줍니다.

얼굴 전체를 보는 시선이 자연스러우며 옆쪽에 있는 면접관에게 응대를 할 경우 몸은 꼼짝 않은 채 얼굴이나 눈동자만 돌리지 말고 몸 전체가 면접관을 향하도록 약간 움직이는 것이 자연스럽습니다. 별도로 질문을 받은 경우 질문을 한 면접관을 응시하며 답변하되, 가끔 전체적으로 다른 면접관들과도 시선을 교환합니다.

질의에 대한 답변 시 허공을 보거나 시선을 아래로 두는 등의 행동은 피하도록 합니다.

특히 외국인의 경우 상대방이 나의 눈을 바라보지 않으면 무언가 숨기는 것이 있어 거짓말을 하거나 나의 이야기에 관심이 없다는 뜻으로 받아들입니다. 따라서 외항사 면접 시에 시선처리는 특히 중요합니다. 영어 인터뷰 때는 반드시 눈을 바라보십시오.

■ 자세

선 자세로 면접을 할 경우 시간이 길어지더라도 흐트러지지 않는 바른 자세를 유지하도록 합니다.

토론식 면접 시 의자에 앉는 경우라면 다음 사항에 유의하십시오.

의자 뒤에 기대앉은 자세는 응시자의 과도한 자신감을 보여주며, 약간 거만한 분위기를 풍깁니다. 면접관들은 거만한 자세보다 열성적인 자세를 훨씬 좋게 평가

한다는 것을 기억하십시오. 하지만 너무 앞쪽으로 향해 앉는 것도 면접관들에게 갑자기 달려들 것 같은 공격적인 인상을 주게 되므로 주의합니다. 다리는 여성의 경우 발을 교차하지 않고 한쪽 사선방향으로 다리를 나란히 두면 가지런하고 예뻐 보입니다.

어정쩡하고 구부정한 자세, 다리를 벌리고 앉는 것, 다리를 덜덜 떠는 것 등은 감점요인이 되겠지요?

■ 인사

면접관 앞에서 인사할 때에는 간단한 인사말과 함께 인사를 한 후 머리를 들 때에는 불필요하게 손이 올라가지 않도록 머리를 단정히 정리해야 합니다.

단정한 옷차림과 자신감 있는 태도, 밝고 명랑한 표정과 당당하면서도 예의 있는 인사는 면접 이미지메이킹에 필수적입니다.

다른 지원자들보다 눈에 띄는 방법은 문안에 들어서자마자 밝은 표정을 유지하면서, 또렷한 목소리로 인사하는 것입니다. 부끄럽고 어색하다고 해서 모기만한 목소리로 대답을 한다든지, 얼굴이 굳어 있으면 좋은 점수를 받을 수 없습니다.

주의해야 할 보디랭귀지를 기억하십시오

인터뷰에 응하는 사람들은 심문당하는 느낌을 받기 마련입니다. 인터뷰를 하는 방은 대체로 갑갑하고 경직된 분위기입니다. 말소리는 울리고, 모든 행동이 강조되기 때문입니다. 이런 환경에서 응시자의 보디랭귀지는 말보다 더 많은 것을 전달하게 됩니다. 심리학 조사에 따르면, 얼굴 표정과 몸짓, 움직임이 그 사람에 대한 많은 정보를 담고 있다고 합니다. 면접이 당락을 좌우하는 상황에서 이미지메이킹은 취업의 열쇠라고 할 수 있습니다. 면접 시 필요한 이미지메이킹은 원활한 직장생활과 사회생활을 할 수 있는 사람이라는 인상을 주는 것이 중요합니다. 면접관의 머릿속에 남는 것은 피면접인이 남긴 인상뿐입니다.

사실 말의 내용만큼이나 말을 할 때 상대방의 주목을 끄는 것이 바로 손짓, 눈빛 등의 보디랭귀지라 할 수 있습니다. 흔히 말하면서 손 흔드는 사람을 볼 수 있는데 이 같은 보디랭귀지는 상대방의 시선과 정신만을 산란하게 할 뿐 자신의 이미지를 호감 있도록 형성하는 데는 전혀 도움이 되지 않습니다. 필요하다면 손으로 제스처를 취하는 것이 적극적인 태도로 보이는 데 도움이 되기도 하나 이야기하지 않는 동안 여성은 손을 포개어 무릎 위에 살짝 두는 것이 좋습니다. 몸짓을 크게 하되 과장하지 않으며 몸짓을 할 때는 손가락을 벌리지 말고 손은 턱선 위로 올라가지 않게 합니다.

하지만 몸의 움직임을 어떻게 하느냐에 따라 보다 진지하고 자신감 있게 보일 수 있습니다. 따라서 보디랭귀지를 효과적으로 사용하면 의미를 명확히 할 수 있을 뿐만 아니라 대화를 활기 있게 하고 다른 사람이 자기 자신에게 더욱 깊은 관심을 보이도록 할 수 있습니다. 그러나 말하고자 하는 내용과 상반되는 몸의 움직임은 오히려 하지 않는 것만 못하다고 할 수 있습니다. 동작이 자신이 말하는 내용과 일치하도록 하며 제스처가 분위기와 청중의 크기에 맞도록 사용합니다.

말을 할 때에는 몸을 세우고 상대의 말을 들을 때는 몸을 앞으로 숙이고 고개를 살짝 기울이십시오. 턱은 언제나 숙이지 않습니다.

포커의 달인으로 유명한 마이크 카로는 "말하는 사람이 얼굴, 특히 입술을 건드리거나 가리는 것은 심기가 불편하다는 것을 말하며, 거짓말을 하거나 과장하고 있다는 것을 보여준다"고 말했습니다. 정직함을 보여줄 수 있는 두 가지 행동은 인터뷰 동안 손바닥을 보이거나 손을 가슴에 올려놓는 자세입니다.

면접도중 무의식적으로 취하는 다음과 같은 몸짓은 부정적인 이미지를 주거나 거짓말하는 것으로 오해를 받을 수 있습니다.

- 입 가리기
- 얼굴 만지기
- 눈 문지르기
- 목 긁기
- 손가락을 펴서 만지작거리기
- 발을 까딱거리기
- 입에 손가락 넣기
- 코 만지기
- 귀 만지기
- 옷의 목둘레 잡아당기기
- 머리를 긁적거리기
- 한숨 쉬기

상대방의 말을 성실하게 듣는 것이 중요합니다

짧은 면접시간 동안 자신을 충분하게 홍보하기란 무척 힘든 일입니다. 대다수의 응시자들은 짧은 시간 내에 자신의 상품성을 내세우느라 가능한 한 말을 많이 하려고 노력하지만, 말이 길어지면 핵심을 벗어나는 실수를 쉽게 범할 수도 있습니다. 면접관의 말을 진지한 태도로 청취하는 것은 자신이 말을 많이 하는 것만큼 중요합니다. 이것이 오히려 요란한 몇 마디 자기 홍보보다 당신의 가치를 높일 수 있는 효과적인 방법이 될 수 있음을 기억하십시오.

질문에 대한 답변은 무엇보다 면접관이 의도하는 바를 파악하는 것이 중요하므로 질문을 처음부터 끝까지 경청하면서 질문의 핵심과 의도를 잘 파악해야 합니다. 상대방 질문의 진의를 제대로 파악하여 동문서답하는 일이 없도록 말입니다. 질문이 끝나면 순간이나마 여유를 갖고 생각을 정리한 후 명료하게 대답합니다. 질문이 끝나기도 전에 답변을 시작하려 한다면 매우 성급해 보입니다. 몇 초간 여유를 두고 생각하여 조리 있게 응답합니다.

무엇보다 응답은 논리정연하고 간결하되, 회사에 필요한 사람이라는 느낌을 면접관에게 줄 수 있어야 합니다.

자기소개는 '자기 PR'의 기회로 활용하십시오

"자신에 대해 소개해 보십시오." 면접에서 가장 먼저 혹은 가장 많이 물어보는 질문입니다. 면접자의 입장에서도 이 질문은 답변하기 쉬우면서도 어떻게 답변하느냐에 따라 자신의 첫인상을 결정지을 수 있는 중요한 기준이 되기 때문에 신중하게 답변해야 합니다. '어디에서 태어나고 무슨 학교를 졸업했다'로 시작되는 너무나 평범한 답변보다는, 자신을 멋지게 홍보할 수 있는 좋은 기회라 생각하고 자신만의 인상적인 답변을 준비하십시오.

이때 자기소개를 하는 응시자들이 가장 유념해야 할 점은 단순한 '소개'에 그쳐서는 안된다는 것입니다. 주어진 자기소개 시간을 효과적인 '자기 PR'의 기회로 활용할 수 있어야만 면접에서 좋은 결과를 얻을 수 있습니다.

일반적으로 자기소개에 포함되는 내용은 가족상황과 대학생활, 성격상의 장단점 및 지원 동기, 미래의 계획 등입니다. 이때 각각의 내용에 똑같은 시간을 할애할 필요는 없습니다. 부각시키고 싶은 내용을 중심으로 나름대로 구성하는 것이 좋습니다.

자연스럽고 또렷하게 말하십시오

면접관들이 질문을 할 때 자신 있는 말투와 분명한 발음, 특히 큰 목소리가 좋은 점수를 받습니다.

다수 앞에서 스피치를 할 때는 그냥 말하듯이 자연스럽게 말하는 훈련을 하면 보는 사람도 자연스럽습니다. 동시에 면접관의 주의를 사로잡기 위해서는 서두를 힘 있게 시작합니다. 관심 있는 내용이 논리적으로 구성되고, 청중을 사로잡는 멋진 음성테크닉, 매너, 제스처 등을 자연스럽게 구사할 수 있는 효과적인 전달능력이 있어야 합니다.

음성은 또렷하게, 조용하면서도 분명한 대답을 하십시오.

다음 사항에 유의하여 말합니다

- 기쁘고 편안하게 말합니다. 여유 있고 편안해 보이면 듣는 사람들도 부담이 없습니다.
- 얼굴에 생기를 띠고 활기 있게 말합니다. 긴장하여 표정이 굳거나 일그러지지 않도록 주의하며 답변 중간중간에 미소를 적당히 넣는 것을 잊지 마십시오. 면접 분위기는 응시자가 컨트롤하게 됩니다.
- 질문에 대해서는 간단명료하게 대답합니다.
- 긍정적으로 얘기하며 말 한마디 한마디를 진지하게 합니다.
- 자신 있게 말하여 신뢰성을 확보하십시오. 특히 자신 있는 질문에 대해서는 논리적이고 조리 있게 답하십시오.
- 우물우물 면접위원이 알아들을 수 없는 말은 삼가야 합니다.

- 상대방의 이야기를 도중에 가로막아서는 안됩니다.
- "저는", "저의", "제가" 등의 반복은 피합니다.
- 발음을 정확하게 하며 적절히 끊어서 끝까지 똑똑하게 말합니다.
- "에~, 저~" 등의 불필요한 말이나 "~같아요" 등 불분명한 어휘를 사용해서는 안됩니다. 대답은 "~데요, ~한데요."보다 "~입니다"라고 분명하고 정중하게 합니다.
- 강조할 부분은 억양을 넣어 자신 있는 어조로 말합니다.
- 외래어나 유행어의 뜻을 정확하게 알아두고 관용구를 바르게 사용하며 승무원에 관련된 전문용어는 미리 알아둡니다.
- 특기는 솔직하게 답하며 면접에 대비하여 사전준비를 해둡니다.

경어를 올바르게 사용하십시오

정성들여 겸손한 태도로 응대했다 해도 바른말 쓰기가 되지 않거나 적절한 상황에서 그에 상응하는 존댓말을 잘못 쓴다면 응답의 내용까지도 의심받게 됩니다.

예를 들어 "지금 질문자가 말한 대로"라고 응답하는 경우가 종종 있는데, 그럴 경우 "지금 말씀하신 대로"로 정정해야 합니다.

아무렇게나 "조금 전에 말했지만" 하고 말하지 말고 "조금 전에 말씀드렸습니다만" 하는 표현처럼 바르게 써야 합니다.

혹은 친구들 사이에 자연스럽게 쓰였던 약어나 은어들이 대화 중에 나올 수 있으므로 유의합니다.

- 자신을 지칭할 때는 '저'라고 표현하며 '나'라고 하지 않도록 유의합니다.
- 친족이나 친척을 지칭할 경우는 '아버지', '어머니', '언니', '조부모', '외삼촌' 등을 쓰며, 특별한 경칭을 붙이지 않습니다.
- 어느 시인, 위인, 외국인, 친구 등 제삼자에 대하여는 특별한 경칭을 사용하지 않습니다.
- 지도교수, 대통령 등 내국인 지도급 인사의 이름 뒤에는 '~께서'라는 경어를

붙여도 무방합니다.

- 지망회사의 사장, 이사, 부장 등을 부를 때 '사장님', '부장님' 하는 식으로 부르는 것이 무난합니다.
- 직위를 모르는 면접관을 직접 지칭하고자 할 때에는 '면접관님'보다는 '면접위원님'이 무난하며, 되도록 책상 앞에 놓인 명패가 있다면 재치 있게 직위와 함께 '님'자를 사용하는 것이 지혜롭습니다.
- 어떠한 경우에도 극존칭은 사용하지 않으며, 지원한 항공사를 언급할 때에는 회사명을 자연스럽게 사용합니다.
- 경쟁관계에 있는 타 항공사를 가리킬 때는 구체적인 회사명을 묻지 않는다면 답변 중에 A항공사, K항공사 등으로 특정 항공사 영문 첫 글자 이니셜을 사용합니다.
- 그룹면접 시 옆의 같은 지원자를 지칭할 필요가 있을 때에는 '첫 번째 지원자', '제 옆의 지원자' 등으로 경칭 없이 가리킵니다.

순발력 있는 답변이 중요합니다

질문에 대한 정확한 답변보다는 어떻게 잘 또는 재치 있게 설명해 내는가가 심사 포인트입니다.

지원 동기에서는 승무원이 되고자 하는 열의를 찾아보고, 의외의 질문으로는 승객으로부터 돌발적인 제의를 받거나 예기치 못한 상황에 처하게 될 때 어떻게 풀어나가는가를 보는 겁니다. 그러므로 평소 지식과 교양이 빼어날수록 유리하겠지요.

5년차 부사무장 K양 입사후기

2006년 2월이 되면 멋모르고 입사한 지 만 5년이 된다.

아무리 많은 시간이 흘러도 면접 때의 그 떨림과 합격자 발표날의 그 기쁨은 내 기억에서 절대 지워지지 않는 것 같다.

지금도 면접을 위해 정성들인 화장, 말쑥한 차림의 정장에 수줍은 듯한 미소를 지닌 면접생들을 볼 때면 과거의 내가 또 다른 모습으로 내 앞에 서 있는 듯하다.

때는 바야흐로 2000년 11월.

아무것도 모르고 1차 면접을 갔던 나는 당혹스러움을 금치 못했다.

나를 제외한 부산의 예쁜 여자들이 모두 이곳에 모인 것만 같았다.

아침부터 누구누구에게 Make-up을 받고 왔다나…

머리망도 준비 못 하고 고무줄로 머리를 질끈 동여맨 나…

면접에 대한 떨림보다는 타 응시생들과는 비교조차 할 수 없는 초라하고 남루한 내 모습에 더 주눅이 들어버렸다. 미리 불합격을 확신한 나는 마음을 비우고 면접에 응할 수 있었다.

그게 오히려 플러스 요인이 되었는지 나는 그렇게 1차 면접을 통과했다.

최종면접인 2차 임원진 면접날.

처음으로 비행기라는 걸 타고 서울에 왔다. 역시나 나는 준비가 되지 않았던 걸까.

5명이 면접에 들어가게 되었고, 맨 앞 번호가 호령을 하고 다 함께 인사를 하면 면접이 시작되는 것이었다. 내가 제일 앞 번호여서 호령을 붙이고 인사를 하게 되었는데 4명과 달리 너무 인사를 못 해서 혼자서 면접 준비도 채 못하고 계속 인사연습만 하다가 면접에 들어갔다.

첫 번호였던 내게 주어진 질문은 안락사에 관한 것…

지금처럼 그렇게 인터넷 사용이 보편화된 시절도 아니었고 안락사에 대해 한번도 진지하게 생각해 본 적이 없었던 내게 그 질문은 너무 어려웠다.

그때 내가 했던 답은 뇌사상태라고 해도 사람의 생명은 가족도 그 누구의 권한도 아닌 신의 영역이기에 침범할 수 없으며, 뇌사상태에 있던 사람이 기적적으로 살아나는 경우도 있기에 반대한다고 했다. 처음 질문을 던진 면접관님이 고개를 끄덕이셨고…

아 이제 끝났구나~~~ 안도의 한숨을 쉬었다.

순간 옆에 앉아계셨던 다른 면접관님.

"그럼… 집안 재산 다 날려가면서까지 뇌사상태의 사람을 옆에서 지켜봐야 합니까?"

"예, 그분들은 돈을 떠나서 병환에 계신 분이 다시 깨어날 수 있을 거라는 믿음과 희망으로 그분을 지키고 계시기에 가능합니다."

또 그 옆에 앉아계신 면접관님 왈…

"그럼 그 사람이 10년 뒤에 깨어났다고 칩시다.… 그 사람이 훌쩍 지나간 시간에 대해 사회적으로 적응할 수 있겠습니까?"

"음음… 네 물론 많이 혼란스러우시겠지만 가족과 사회의 따뜻한 관심과 사랑으로 충분히 이겨내실 수 있을 것입니다. 더군다나 그분은 삶의 애착을 가지게 될 것이고 다른 같은 상황의 분들에게 더 큰 희망이 될 수 있을 것입니다. 다른 분들보다 훨씬 더 가치 있는 삶을 사실 수 있을 것입니다."

드디어 끝났구나. 근데 다시 원점으로 돌아왔다.

첫 번째 면접관님.

"그럼 여성의 흡연에 대해서는 어떻게 생각하십니까?"

"저는 남녀 모두 흡연에 대해서는 반대합니다만,… 더구나 여성의 흡연은 더욱더 반대합니다. 한 아이의 엄마가 될 사람입니다. 나중에 부모가 되어서 해주고 싶은 것도 능력 부족으로 못해 주는 부분이 분명 있을 것인데, 개인적인 나쁜 습관 하나로 태어나지도 않은 제 아이에게 악영향을 끼치고 싶지 않습니다."

이렇게 꼬리에 꼬리를 문 나의 기나긴 면접이 끝났다.

어쨌든 나는 그렇게 면접을 통과하고 지금 이 자리에 서 있다.

약 5년이라는 시간 동안 기억에 남고 가슴 짠했던 일들이 참 많았던 것 같다.

장애인올림픽 때 보잉737 비행기에 단체로 휠체어 손님들을 모시고 갔던 일.

제주에서 일가족이 화상을 입어 스트레처로 서울로 모시고 왔던 일.

암 투병으로 돌아가신 아버님의 부고소식을 듣고 미국에서 서울까지 11시간을 눈물로 지새우셨던 분.

뭔가 주고 싶은데 줄 것이 없다며 옥수수와 떡을 주고 내리시던 할머님.

신혼여행 오시면서 사신 선물 중에 하나를 엽서와 함께 내리시면서 주시던 손님.

혼자 여행 가는 UM이 나를 그렸다며 준 그림.

이 모든 것들이 내겐 무엇과도 바꿀 수 없는 소중한 기억이며 보물이다.

물론 이렇게 좋은 일들만 있는 것도 아니다.

비행기에서 갑작스런 급체로 고생하시던 분, 원하시던 면세품을 구입하지 못했다며 입에 담지도 못할 욕을 하시던 분, 무작정 비즈니스로 좌석을 업그레이드해 달라고 하시던 분, 무조건 반말 하시는 분… 참 속상하고 안타깝던 일도 많았다.…

컴퓨터에 의해 짜인 스케줄에 맞춰 생활하고 이 나라 저 나라 시차에 적응해야 하며 개인적인 기념일이나 생일·명절을 가족과 함께 보낸다는 것은 어쩌면 승무원이라면 포기해야 할 부분들이다. 그래서인지 승무원은 요일에 대한 개념이 별로 없다.

이처럼 승무원으로 일한다는 것은 사람들이 생각하듯 그리 화려하지도 또 그리 힘들지도 않다.

세상에 쉬운 일이 어디 있겠으며 또 어렵기만한 일이 어디 있겠는가.

나에게는 '직업'이라는 어쩌면 삭막한 이유로 손님들과 맞이하는 마음가짐이 달라 때론 이방인이라 느껴질 만도 하지만, 무사히 편안하게 최종 도착지에 도착할 수 있기를 바라는 건 승무원이나 승객이나 그 순간만큼은 우리 모두 같은 동행자인 것이다.

일상에서 벗어나 누려보는 자유로움으로 마냥 설레고 북적대는 곳, 소중한 가족과 사랑하는 사람과 헤어져 먼 길에 오르는 사람들로 그 뒷모습이 더 슬픈 곳, 더 큰 꿈을 향해 발돋움하는 사람들의 디딤돌이 되는 희망찬 곳, 이곳이 내가 일하는 일터이다.

14년 만에 유니폼이 바뀌었다. 새 꼬까옷 입고 거기에 발맞춰 더욱더 편리해진 기내설비뿐만 아니라 한층 더 편안하고 따뜻한 서비스로 한 걸음씩 발전해 나가는, 하늘 가득히 사랑을 실어 다니는 진정한 승무원이 되고 싶다.

내가 존경하는 어떤 사무장님은 하늘에 떠 있는 비행기만 봐도 가슴이 설렌다고 하신다. 나는 아직 그 정도는 아니지만 내가 몸담고 있는 이 회사가 자랑스럽고, 따뜻한 맘을 가진 우리 동료, 선·후배님이 자랑스럽다. 그리고 천직이라 여기는 이 직업이 자랑스럽다.

내 건강여건이 허락하는 한 아마도 나는 세계 밤하늘 여기저기에 나만의 이름을 가진 별자리를 셀 수 없이 만들 듯하다.

단답형보다는 구체적으로 얘기하십시오

인사담당자가 "자신의 장점이 무엇입니까?"라고 물어왔을 때 "책임감이 강한 편입니다"라는 단답형보다 학교생활 등에서 책임을 맡고 수행했던 일의 과정과 결과를 간략히 덧붙이면 자신의 홍보기회도 갖고 면접관으로부터 신뢰를 얻을 수 있습니다.

그러나 질문의 의도를 파악하여 늘어진 설명보다는 답변은 간단히 하되, 연역적 방법으로 결과와 요점을 먼저 대답하고 그 다음 사실과 실례를 통해 강화하는 형태로 대화를 끌고 나가야 합니다.

예상한 질문을 기다리지 마십시오

미리 준비한 질문을 기다리고 있으면 기다리는 질문은 분명히 나오지 않을 것이며 그 인터뷰는 면접관이 컨트롤하게 될 것입니다. 어느 질문이든지 일단 받아들이고 그 질문을 당신이 준비한 내용과 연결 짓도록 다리를 놓습니다.

자신에 대한 과장이나 거짓은 금물입니다

질문사항에 대한 과장이나 거짓은 금물입니다. 재치 있는 유머를 사용할 수도 있으나 지나쳐서는 안됩니다. 간단명료하면서 정확히 이야기하면 됩니다.

면접을 볼 때는 응시생이 먼저 나서서 '저는 이런 사람입니다'라고 드러내서는 안됩니다. 그것은 자기 PR도 아니고, 자신감의 표출이라고 할 수도 없습니다. 당신이 어떤 인물인지를 결정하는 사람은 당신이 아니라 면접관이기 때문입니다.

질문 내용을 잘 모를 때에는 얼버무리지 말고 "잘 모르겠습니다"라고 솔직하게 대답하고 못 알아들은 질문이 있으면 "죄송합니다만, 다시 한 번 말씀해 주시겠습니까?"라고 다시 반문해도 무방합니다. 질문에 대한 대답이 생각나지 않는다고 하여 고개를 푹 숙이거나 천장을 쳐다보며 생각하는 일은 없어야 합니다. 그러나 뜻밖의 질문에 대하여 대답을 하는 경우 '무조건 잘 모르겠다'고 하는 것보다는 기회가 있으면 조사해서 보고하겠다는 식으로 답하여 일에 대한 열정을 가진 인물로 보이도록 합니다. 부담스러운 질문을 받더라도 머뭇거리지 말고 자신감 있는 태도를 유지합니다. 면접관의 질문에 끌려 다니기보다 응시자인 당신이 분위기를 자신 있고 당당하게 리드하십시오.

질문에 대한 답이 빈약하더라도 당당히 얘기하며 자신이 하고 싶은 말을 분명하게 하지 못하는 우를 범해서는 안됩니다. 아무런 답변도 없이 넘어가면 본인에게만 손해입니다. 단 남의 이야기나 외운 듯한 답변은 오히려 마이너스입니다.

자신의 부족한 점을 지적하는 질문이라 해도 위축될 필요는 없습니다. 기본적인 능력사항은 이미 서류전형에서 평가가 이루어졌으므로 면접관의 의도는 다른 데 있다고 봐야 합니다. 오히려 구체적인 보완책을 설득력 있게 제시해 앞으로의 가능성에 대한 기대를 충족시킬 수 있다면 강점으로 바꿀 수 있습니다.

면접 중에도 남을 배려하는 모습을 보이십시오

아무리 준비한 내용이 많다 해도 자신에게 주어진 답변시간을 초과해 사용하는 것은 오히려 마이너스입니다. 어느 항공사 채용담당자가 "승무원 면접시험은 한 사람당 3~5분을 할애하는데, 한 지원자는 준비한 게 많았나봐요. 무려 15분 동안 춤, 노래, 무용 등 준비한 것을 모두 보여줬죠. 물론 훌륭한 '무대'였지만 결과는 탈락이었죠. 자신이 돋보이기 위해 다른 사람을 배려하지 않는다면 승무원으로서 기본 자질이 없는 것이니까요"라고 인터뷰한 기사를 본 적이 있습니다.

끝까지 긴장을 풀지 마십시오

마지막 사람은 돌아서는 뒷모습까지 신경을 쓰도록 합니다. 면접이 끝나고 걸어 나갈 때의 모습도 면접관에게 보이는 중요한 순간입니다. 경우에 따라서는 이때 인상을 어떻게 주느냐에 따라 평가가 완전히 달라지는 경우도 있습니다.

어느 항공사의 채용담당자는 "면접관 앞에서는 미소 지으며 예의 바르게 말하지만, 마치고 나갈 땐 험한 말을 하거나 자세가 흐트러지는 경우가 많아요. 그런

점들을 모두 체크하죠"라고 충고합니다.

면접이 끝나면 자리에서 일어나 "감사합니다"라고 정중히 인사한 후 문 쪽으로 나갑니다. 이때 발이 문을 향하게 한 후 옷의 뒷부분과 머리를 정리합니다. 그래야 사무실을 나올 때 상대에게 깔끔한 뒷모습을 보여줄 수 있습니다. 문 앞에 가서는 몸을 돌려 천천히 미소를 지으며 목례를 하십시오. 당신의 웃는 얼굴을 면접관이 기억할 수 있도록 말입니다.

돌아서자마자 축 늘어진 모습은 설령 면접점수를 잘 받았다 해도 한순간에 깎여 버릴 수 있습니다. 면접관은 수험생이 일어서 나가기까지의 일거수일투족을 관찰하고 있음을 잊지 말아야 합니다. 퇴실까지 면접관의 눈은 멈추지 않습니다.

면접장에 들어오는 태도, 인사하는 법, 앉는 자세, 말하는 법 등을 통해 인사담당자는 아주 세세한 부분에서부터 당신에 대해 점수를 매기게 될 것입니다. 퇴장할 때 면접이 끝났다는 생각에 자세가 흐트러진 모습을 보여선 안됩니다. 입실할 때와 마찬가지로 예의 바른 자세와 태도를 끝까지 유지하며 혹시 의자에 앉았었다면 의자가 흐트러지지 않았는지 점검하고 마지막까지 최선을 다하는 모습을 보입니다.

인사를 제대로 하지 않고 급하게 뒤돌아 나온다거나 허둥대는 모습은 당신에 대한 모든 신뢰를 허물어뜨릴 수 있습니다. 정돈된 태도와 바른 인사법으로 면접을 끝내는 것이 중요합니다.

면접 대기부터 회사를 나오는 순간까지 긴장을 풀어서는 안됩니다.

1년차 스튜어디스 L양 입사후기

승무원을 뽑는다는 공지가 난 것이 엊그제 같은데 벌써 비행한 지도 1년이 넘어가고 있습니다. 저는 관련학과를 전공하며 첫 번째 면접 기회를 갖게 되었지만 운이 없었는지 첫 번째 고배를 마시게 되었습니다. 그리고 얼마 있지 않아서 공채 시험 공고가 나왔고 정말 아무런 기대 없이 혹시나 하는 마음에 원서를 내게 되었습니다. 매스컴이나 주변에서 들리는 100:1이라는 엄청난 경쟁률도 저에게는 큰 부담으로 다가왔습니다.

1차 실무면접 때 예상 질문을 준비해서 갔지만 저에게는 예상치도 못한 질문이 나와서 당황스러웠습니다. 보통 특기나 지원동기와 같은 질문들을 받았다고 해서 저도 예상 질문을 그렇게 준비해 갔지만 관련학과를 나왔다는 이력 때문인지 저에게는 조금 특이한 질문을 하셨습니다. 바로 대한항공 고객이 아닌 사람에게 대한항공을 홍보해 보라는 질문이었습니다. 지금도 생각하면 아찔하지만 그때 당황하지 않고 Role Play하는 식으로 당당하게 대답했습니다. 지금 생각해 보면 정말 어이없고 말도 안되는 대답이었지만 끝까지 미소를 잃지 않고 말했더니 면접관님들 표정도 한결 밝아지신 걸 느꼈습니다. 그리고 예상치 못한 마지막 임원면접까지 올라갔습니다.

임원면접 때는 제가 이미 먼저 고배를 마셨던 면접관께서 계셨습니다. 면접실로 들어가는 순간 조금이라도 가졌던 기대는 그분을 뵙는 순간 사라졌습니다. '학교면접에서 떨어진 나를 얼마나 지났다고 또 뽑으실까…' 하는 생각으로 자신감은 사라졌습니다. 하지만 제가 그동안 얼마나 이 일을 하고 싶었는지 제 다짐도 다시 한 번 생각해 주는 계기가 되었던 지난날을 생각하며 이번이 마지막이라 생각하고 정말 열심히 면접에 임했습니다. 저의 진심이 면접관님에게도 통했는지 저는 정말 뜻밖의 합격이라는 결과를 받았고 그 결과를 본 순간 '이제 힘든 것은 다 끝났구나.' 하는 생각을 하게 되었습니다.

하지만 'End'가 아니라 'And'였습니다. 승무원으로 거듭나기 위한 교육은 또 한 번 저에게 힘든 시간들이었습니다. 매일매일 치러지는 시험에 대한 압박감과 매일매일 새벽같이 일어나야 하는 피곤함으로 훈련원 시절은 정신없이 지나갔던 것 같습니다. 드디어 모든 교육이 끝나고 Wing을 달던 날 진정으로 승무원이 되었구나 하고 뛸 듯이 기뻤습니다. 하지만 그 기쁨도 잠시 곧바로 현장에 투입된 저는 교육원에서와는 또 다른 현실의 벽에 부딪히게 되었습니다. 교육원에서 받은 교육과 현장에서의 실무 차이는 너무나 컸습니다.

우리 직업은 사람을 상대해야 하므로 어떤 직업과도 비교할 수 없는 어려움이 있습니다. 배우고 외우는 것만이 중요한 것이 아니라 직접 몸으로 부딪히고 경험으로 깨닫는 부분이 많은 직업으로 여러 사람들과의 교류와 시행착오들 사이에서 점점 Skill을 쌓아가야 했습니다.

국내선 비행으로 비행에 대해 이제 겨우 익숙해질만 할 때 국제선 비행을 위한 교육을 받게 되었습니다. 국제선 비행은 국내선과는 달랐습니다. 국제선 비행은 국내선 비행과는 다르게 승객들과의 시간도 많아지고 책임지는 Zone의 담당 승무원이 얼마나 능숙하고 잘하느냐에 따라 승객들이 긴 여행을 편안하고 지루하지 않게 할 수 있게 됩니다. 저는 집에서도 막내로 태어나고 자라서 누군가를 보살피고 챙겨주어야 한다는 것이 생각처럼 쉽지 않은 일이라는 것을 몰랐습니다.

하지만 이 일을 하면서 저는 많은 것을 배워나가고 있습니다. 누군가를 배려하는 일, 그 사람 입장에서 생각하는 일, 한 걸음 더 나아가 먼저 승객이 불편하지 않게 준비해 주는 일… 승무원이라는 직업을 선택하며 우리는 또래에 비해 버려야 했던 것들도 많았지만 반대로 얻을 수 있던 것도 많았습니다. 이런 경험들은 우리가 살면서 얻을 수 있는 지혜와 같은 것이라고 생각합니다.

이제 국제선 비행을 한 지도 4개월이 다 되어갑니다. 아직 저는 배워야 할 것도 많고 또 혼나야 할 것도 많은 새내기에 불과합니다. 그래서 더 채워나가야 할 것이 많은 빈 항아리라고 생각합니다. 얼마나 깨끗하고 많은 물들을 채워야 할지 아직은 미지수입니다. 하지만 자신의 일을 사랑하고 열심히 한다면 언젠가는 깨끗한 물로 가득 채워지는 날이 올 것이라고 생각합니다. 이 일을 소망하는 모든 분들을 대신해서 오늘도 열심히 비행을 할 생각입니다.

제3절 스튜어디스 적성테스트

자신의 이미지를 분석해 보십시오

많은 스튜어디스 지망생들로부터 "제 이미지로 스튜어디스 시험에 합격할 수 있을까요?" 하는 질문을 흔히 받게 됩니다. 물론 직업마다 요구되는 특정 이미지가 있을 것이지만, 가장 위험한 생각은 그러한 이미지는 결코 외모적인 것과 반드시 동일시되지 않는다는 점입니다.

자신이 내면에 아무리 아름다움을 지니고 있다 해도 그것이 드러나야만 타인에게 인식될 수 있습니다. 자신에게 특정 직업에 맞는 이미지가 필요하다면 무엇이 왜 필요한지에서 출발하여 주관적이면서 객관적인 판단을 통해 개선점을 파악하고 자신의 인생의 목표에 맞추어 발전할 수 있는 연출방법을 좀 더 실제적인 측면에서 알아보는 것이 중요합니다.

개인 이미지를 향상시키고자 하는 사람의 출발점은 '나 자신을 정확히 아는 일'입니다. 먼저 퍼스널 브랜드인 자신에 대한 철저한 분석을 통해 자신의 강점을 발견해야 합니다. 그래야만 자신이 바라는 이미지와 비교하여 '어느 부문을 어떻게 향상시킬까' 하는 방법도 나오게 되며 내 자신이 나의 이미지를 컨트롤할 수 있기 때문입니다. '내 자신의 이미지는 과연 어떠한가'라는 인식은 나를 성공적으로 이미지메이킹하는 데 필수적인 출발점입니다.

누군가가 나를 우유부단한 사람이라고 한다면 어떤 식으로든지 그런 면을 보여주었거나 아니면 그렇게 보이는 것을 묵인한 채 넘어갔기 때문일 것입니다.

즉 내가 나의 모습을 판단하는 것도 중요하지만 상대에게 내가 어떻게 비쳐질까 하는 것이 더 중요한 사항이 됩니다. 그러므로 자신의 이미지메이킹을 성공적으로 실현하기 위해서는 무엇보다도 정확한 자기 인식과 자기 이미지의 객관화가 필요합니다.

역할모델에 맞는 이미지메이킹을 하십시오

멋진 모습을 연출하는 다음 단계는 자신의 이미지 특성을 찾아내는 것입니다. 그 다음에 그에 어울리는 스타일을 연출하면, 가장 자연스러운 자신만의 모습을 표현할 수 있습니다. 이미지메이킹이란 자신만의 독특하고 창의적인 모습을 찾아가는 하나의 과정이기 때문입니다.

이미지메이킹은 기존의 자신의 모습에서 장점과 잠재력을 끌어내는 것에 중점을 두는 것입니다. 없던 것을 만들어내는 Making작업은 극히 적은 부분을 차지합니다. 또한 자신에 대해 부정적인 이미지를 갖고 있는 사람에게 자신 있는 태도와 행동을 기대할 수 없습니다. 내 스스로가 내 이미지에 만족할 때 다른 사람에게도 그렇게 보일 것이며 그에 맞게 행동할 것이기 때문입니다. 자신에게 스스로 관심이 있고 자신을 사랑하는 사람만이 이미지메이킹을 잘 할 수 있습니다. 성공적인 이미지 창출을 위해서 무엇보다 중요한 것은 자신의 재능과 능력에 대한 정확한 인식과 그것에 대한 자부심입니다. '내가 너무 부족해서', '난 안될 것 같아', '난 만날 왜 이러지?' 이렇게 자신을 평가하고 있으면 상대방도 당신을 그렇게 평가하고 있다는 사실을 명심해야 합니다. 나의 모든 것을 부정적인 눈으로만 바라보지 말고 새롭게 긍정적으로 바라볼 수 있어야 합니다. 스스로를 사랑하며 자신감 있게 모든 일에 최선을 다하면서 긍정적으로 이미지를 전달하는 이미지메이킹을 위해 노력해야겠습니다.

- 먼저, 마음을 활짝 열어보십시오.
- 자신의 매력을 과소평가하지 마십시오. 매력은 타고나는 것이 아니라 만들어가는 것입니다.
- 진정한 자기를 발견하십시오.
- 스튜어디스의 이미지 모델을 설정하고 행동하십시오.
- 끊임없이 목표에 맞게 자신을 이미지화하십시오.
- 자신의 시간을 이미지 경영에 투자하십시오.

이미지메이킹이란 궁극적으로 자신이 원하는 바람직한 상(역할모델)을 정해놓고 그 이미지를 현실화하기 위해 자신의 잠재능력을 최대한 발휘하여 자신이 원하는 가장 훌륭한 모습으로 만들어가는 의도적인 변화과정입니다. 그러므로 이미지메이킹은 자기성장과 자기혁신을 목표로 하는 이들의 평생 과업이라고 할 수 있습니다.

결국은 외적 이미지가 아니라 내적 이미지가 역할모델을 주도하게 되는데 성공적인 삶을 위해 생의 목표를 분명히 하고 그 목표를 달성하는 데 필요한 이미지를 만들다 보면 누구든지 원하는 목표를 달성할 수 있을 것이라고 생각합니다.

내가 좋아하고 벤치마킹하는 대상이 스튜어디스란 직업이라면 어떤 일이든 모방에서 시작해서 자기 것을 만들어가는 것이므로 그 벤치마킹 대상에 맞추고자 노력하는 부분을 하나씩 적어보고 실천할 방향을 잡도록 합니다. 그저 생각만 하지 말고 자주 메모를 하는 것도 좋은 방법입니다.

중요한 것은 앞에서 세운 목표를 꼭 달성하고야 말겠다는 욕망과 열정, 그리고 흔들리지 않는 신념으로 무장하여 목표로 가는 과정에서 부닥칠 장애물을 두려움 없이 제거하겠다는 의지를 개발하는 것이 중요합니다.

✓ 자기 분석 1 : 직업에 대한 인식

자신의 이미지에 대한 개인적인 비전을 갖고 그 이미지가 되어가기로 결심하면서 그 이미지를 향해 다음의 질문에 스스로 답해 보십시오.

당신의 인생에 있어서 당신의 직업은 어떤 의미가 있습니까?

왜 스튜어디스가 되기로 결심했습니까?

스튜어디스라는 직업과 당신의 성격이 맞는다고 생각합니까?
그렇다면 그 이유는 무엇입니까?

스튜어디스는 무슨 일을 하는 사람입니까?

당신이 알고 있는 스튜어디스의 장점은 무엇입니까?

당신이 알고 있는 스튜어디스의 단점은 무엇입니까?

당신이 희망하는 항공사와 그 이유는 무엇입니까?

당신이 알고 있는 스튜어디스의 이미지는 무엇입니까?

현재 그 이미지를 당신과 비교·분석해 보십시오.
- 공통점과 차이점을 확인하고 목표를 설정하십시오.

당신이 보완해야 할 이미지는 무엇입니까?
(어떤 이미지로의 전환을 원합니까?)

당신에게 맞는 전략적 이미지를 찾아보십시오.

스튜어디스가 되기 위한 요건 중 당신이 특히 노력해야 할 일은 무엇입니까?

현재 당신과 경쟁하고 있는 사람들과 비교해 당신은 어떻다고 할 수 있습니까?

당신이 잘 할 수 있는 당신의 능력을 적어보십시오.

남들이 인정해 주고 평가해 주는 당신의 능력을 적어보십시오.

10년 후 당신의 모습을 상상해 적어보십시오.

✓ 자기 분석 2 : 스튜어디스의 Role Model 설정과 자기분석

① 나는 스튜어디스라는 직업에 대해 명확히 소개할 수 있다.
② 나는 서비스가 무엇인지 설명할 수 있다.
③ 나는 고객의 중요성에 대해 설명할 수 있다.
④ 나는 고객과 서비스맨의 관계에 있어서 가장 중요한 것이 무엇인지 설명할 수 있다.
⑤ 나는 서비스맨이 고객에게 진정한 관심을 표현할 수 있는 방법을 알고 있다.
⑥ 나는 평소 나의 건강을 위해 일정한 운동을 하고 있다.
⑦ 나는 매일 규칙적인 생활을 하고 있다.
⑧ 나는 특별히 체중 조절을 하지 않아도 일정 체중이 유지되고 있다.
⑨ 나는 몸과 마음이 모두 건강하다고 말할 수 있다.
⑩ 나는 나의 이미지메이킹이 취업 및 자기계발에 중요하다고 생각한다.
⑪ 나는 평소 인간관계를 중히 여기고 있다.
⑫ 나는 여러 사람들과 개인적인 친분을 갖는 것이 좋다.
⑬ 나는 처음 본 사람이라도 어떠한 사람인지 대충은 알 것 같다.
⑭ 나는 처음 만난 사람과도 쉽게 친해지고 호감을 느끼게 한다.
⑮ 나는 여러 사람이 같이 있을 때 침묵이 흐르면 내가 먼저 말을 건다.
⑯ 나는 여러 사람들과 대화를 나누는 것이 즐겁다.
⑰ 나는 어떠한 집단에 속해도 잘 어울릴 수 있다.
⑱ 나는 일상 공동생활에서 내 자신보다 타인을 배려하려고 노력한다.
⑲ 나는 내 자신이 타인으로부터 어떻게 보이는지 신경을 쓰는 편이다.
⑳ 나는 표정이야말로 전 세계의 모든 사람에게 통용되는 국제적인 언어라고 생각하며 타인에게 옳게 표현될 수 있는 표정관리에 유의하고 있다.
㉑ 나는 나의 감정이 얼굴에 나타나는 것을 절제할 수 있다.
㉒ 나는 상대방과 이야기할 때 이야기의 내용뿐 아니라 표정이나 태도에도 신경을 쓰는 편이다.
㉓ 나는 스튜어디스에게 품위 있고 세련된 자세와 동작이 요구된다는 점을 잘 알고 있다.
㉔ 나는 외국인과 어느 곳에서 만나도 바람직한 국제매너와 기본적인 회화로 응대할 수 있다.
㉕ 나는 서양의 식문화를 이해하고 서양식의 기본 코스 등을 알고 있다.
㉖ 나는 국제화시대에 부응하여 국제적인 승무원이 지녀야 할 기본 소양에 대해 알고 있다.
㉗ 나는 뉴스와 시사에 관심이 있으며 즐겨 보는 특정 신문이 있다.
㉘ 나는 내 인생의 행복이 항상 가까이 있다고 생각하고 가까이서 찾으려고 한다.

㉙ 나는 내 인생의 뚜렷한 목표를 갖고 있으며 그렇게 되도록 노력하고 있다.
㉚ 나는 내가 살아오는 동안 나의 능력 밖의 일이라 생각할 때도 쉽게 포기하지 않고 나의 잠재력을 믿고 도전해 보고 있다.

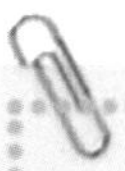

당신이 '예'라고 답한 문항은 몇 개입니까?
10개? 혹은 20개?
지금은 모든 문항에 '예'라고 답하지 못했다 하더라도 당신이 스튜어디스가 되어 그 직업을 성공적으로 수행해 나가기를 원한다면 모든 문항에 '예'라고 답할 수 있도록 노력해야 할 것입니다.

저자소개

서 성 희

이화여자대학교 불어불문학과 졸업
연세대학교 교육대학원 산업교육전공(교육학 석사)

대한항공 객실승무원, 서비스계획팀
대한항공 서비스아카데미 창설팀
대한항공 객실훈련원 전임강사
현) 대한항공 객실승무부 라인팀장

박 혜 정

이화여자대학교 정치외교학과 졸업
세종대학교 관광대학원 관광경영학과 졸업(경영학 석사)
세종대학교 대학원 호텔관광경영학과 졸업(호텔관광학 박사)

대한항공 객실승무원
대한항공 객실훈련원 전임강사
동주대학교 항공운항과 교수
현) 수원과학대학교 항공관광과 교수

항공서비스시리즈 1

멋진 커리어우먼 스튜어디스

2014년 11월 15일 초판 1쇄 발행
2019년 1월 10일 초판 2쇄 발행

지은이 서성희 · 박혜정
펴낸이 진욱상
펴낸곳 백산출판사
교 정 편집부
본문디자인 박채린
표지디자인 오정은

저자와의
합의하에
인지첩부
생략

등 록 1974년 1월 9일 제406-1974-000001호
주 소 경기도 파주시 회동길 370(백산빌딩 3층)
전 화 02-914-1621(代)
팩 스 031-955-9911
이메일 edit@ibaeksan.kr
홈페이지 www.ibaeksan.kr

ISBN 979-11-5763-003-5 03980
값 15,000원